Wie Transistoren funktionieren

Das Thema »Transistor« ist mit dem Aufkommen des Kleinradios, seiner unwahrscheinlichen Leistung und einfachen Wartung wegen, populär geworden.
Trotzdem weiß die Öffentlichkeit wenig darüber, daß die Halbleiter die Elektronik möglich machen.

Wie Transistoren funktionieren

Die Geheimnisse der Elektronik: Von der Arbeitsweise der Transistoren, wie sie hergestellt werden und wie man sie anwenden kann
von Jacques Dezoteux und Roger Petit-Jean

Humboldt-Taschenbuchverlag

humboldt-taschenbuch 151
37 Fotos und 55 Grafiken

Neubearbeitung:
Dr. Anton Schmuck

Bildquellennachweis

Der Verlag dankt der Firma Siemens, München, für die großzügige Bereitstellung des Bildmaterials zu diesem Buch.

Fotos: sämtlich vom Technischen Pressedienst der Siemens AG, München.

Grafiken: nach der französischen Originalfassung der Autoren fürs Deutsche bearbeitet.

Umschlag: Motiv der Vorderseite (Computer-Schaltelement) vom IBM-Pressedienst, Sindelfingen; Motiv der Rückseite vom Technischen Pressedienst der Siemens AG.

© 1970, 1976 by Humboldt-Taschenbuchverlag
Jacobi KG, München,
für die deutsche Taschenbuchausgabe.
© 1964, 1970 by Presses Universitaires de France,
Paris, für die französische Originalausgabe:
»Les Transistors« (Reihe: »Que sais-je?«)
Druck: Presse-Druck, Augsburg
Printed in Germany.
ISBN 3–581–66151–9

Inhalt

  7 Einleitung

11 Die Bewegung der Elektronen in der Materie

25 Die pn-Verbindung und die Arbeitsweise des Transistors

39 Die Herstellung der Transistoren

55 Elektronenröhren und Transistoren im Vergleich

63 Die Kenndaten eines Transistors

75 Der Transistor als Verstärkungselement und seine Anwendung

89 Der Transistor als Schaltelement und seine Anwendungsgebiete

111 Weitere Halbleiterbauteile

131 Die Miniaturisierung

139 Register

Silizium-Solarzellen wandeln Licht in elektrische Energie um. Die kleine Sonnenzellenbatterie (unten) erreicht mit ihren 30 Fotoelementen etwa 5 Volt Spannung und betreibt das Spielzeugauto. Solche Energiespender sind für die Astronautik von Bedeutung: Die amerikanische Venussonde sandte ihre Meßergebnisse mit der Energie von Solarzellen zur Erde.

Einleitung

Die physikalische Erforschung der festen Körper ist eine verhältnismäßig junge Wissenschaft. Einer der Gründe dafür, daß sie sich erst so spät entwickeln konnte, liegt in der Schwierigkeit, Phänomene zu messen, die im Innern eines festen Körpers vor sich gehen. Es hat mehrere Jahrzehnte gedauert, bis die Theorien der Elektronenbewegungen erarbeitet waren und auf ihre Zuverlässigkeit geprüft werden konnten.
Die Erfindung des Transistors ist nicht Ergebnis eines reinen Zufalls. Schon seit langer Zeit wurden in der Elektronik viele Halbleiterelemente angewandt: Bleiglanz, Selen- und Kupferoxyd-Gleichrichter, Heißleiter, Thermistoren usw. Es gab aber nie eine befriedigende Theorie über diese Dinge.
Die Entdeckung des Transistors ebnete in allen Laboratorien einer lebhaften Forschungstätigkeit den Weg. Im Verlauf eines Jahrzehnts hat man durch eine Unmenge von Entdeckungen, neuen Erkenntnissen, experimentellen Resultaten usw. den außerordentlichen Reichtum erkannt, der in den Möglichkeiten fester Körper liegt: Hochleistungs-Gleichrichter aus Silizium, Transistoren mit Feldeffekt, Tunneldioden, Kapazitätsdioden (Varactoren), pn-pn-Dioden, Thyristoren, Begrenzerdioden, Photodioden, Phototransistoren, Triggerdioden und anderes mehr. Eines ist gewiß: Wir sind noch weit davon entfernt, alle elektronischen Kräfte der Materie erschöpft zu haben.
In der technischen Praxis besteht die Elektronik aus der Verknüpfung von Einzelbestandteilen, nämlich passiven linearen oder nichtlinearen Elementen einerseits (Widerständen, Kapazitäten, Induktivitäten, Dioden) und aktiven Elementen (Röhren,

Transistoren) andererseits. Ihre Möglichkeiten hängen zum großen Teil von den elektrischen und mechanischen Eigenschaften dieser Elemente ab. Eine elektronische Apparatur von 10 000 Röhren erfordert erhebliche Energien, beträchtlichen Raum und Kühlungsvorrichtungen. Ihre Anwendungsmöglichkeiten sind dadurch begrenzt. Der Einsatz der modernen Mikrominiaturtechnik erhöht dagegen die Anwendungsmöglichkeiten solcher Apparate außerordentlich, indem ihr Bedarf an Raum und Energie ebenso enorm heruntergesetzt wurde wie ihre Hitzeentwicklung.

Vergegenwärtigen wir uns einige Zahlen: Vor 1940 bot die klassische Elektronik nur die Möglichkeit, einige elektronische Bestandteile pro Liter unterzubringen. Die aus den Erfordernissen des Krieges entstandene Miniatur- und Subminiaturtechnik erlaubt dagegen die Unterbringung von hundert bis tausend Bauteilen pro Liter. Die Mikrominiaturisierung gestattet die Unterbringung von mehr als zehntausend Bestandteilen pro Liter, und selbst eine Dichte von hunderttausend Komponenten wird mit der »Technik der integrierten Schaltkreise« zu erreichen sein.

Dieses Buch besteht aus zwei Hauptteilen: Zunächst wird die Arbeitsweise der Transistoren sowie ihre Herstellung behandelt; und schließlich werden die Hauptanwendungsgebiete und -möglichkeiten der Transistoren durchgesprochen.

Wie sich die Forschung entwickelte

Die Physiker und Elektroniker hegten schon seit langer Zeit den Wunsch, ein Verstärkerelement zu finden, das fähig ist, die Funktionen der Elektronenröhren auszuüben. Viele Versuche, dieses Ziel zu erreichen, scheiterten am Vorgehen der Forscher, die versuchten, die Arbeitsweise der Röhre nachzuahmen, d. h. eine Elektronenleistung mit elektrostatischen Mitteln zu steuern.

Im allgemeinen sieht man das Jahr 1948 als den Beginn der Transistortechnik an. Bereits im Jahre 1942 führte man in den USA Untersuchungen durch, um Germanium- und Siliziumdioden mit starkem Widerstand gegen Überspannung herstellen zu können, wie sie für die Radardetektoren gebraucht wurden. Die beiden Physiker J. Bardeen und W. H. Brattain erfanden in den Laboratorien von »Bell Telephone« insbesondere den Punkttransistor, als sie auf experimentelle Weise die Eigenschaften des Germaniums studierten. Ihr Punkttransistor bestand aus einem Germaniumplättchen, auf dem zwei Metallspitzen dicht beieinander saßen. Das Wort Transistor wurde aus den Wörtern TRANSfer und resISTOR, das heißt »Übertragungs-Widerstand«, gebildet. Im Juli 1949 veröffentlichte W. Shockley eine theoretische Studie, in der er nachwies, daß eine Verbindung zweier verschiedener Unreinheitstypen in einem Germaniumkristall asymmetrische elektrische Eigenschaften besitzt, die man als Dioden benutzen kann. Shockley sah ebenfalls voraus, daß eine Struktur mit zwei dicht beieinander untergebrachten solchen Verbindungen in der Lage sein müßte, elektrische Signale zu verstärken. Ein derartiger Transistor, der Flächentransistor, wurde zum erstenmal Ende 1951 gebaut.

Man benutzte indessen kaum den Punkttransistor, denn er hatte zwei Fehler: er ist sehr »gebrechlich« und hat Hintergrundgeräusche. Man kann sagen, daß schon von 1956 an nur noch der Flächentransistor in großen Serien hergestellt wurde. Anfangs waren seine elektronischen Möglichkeiten sehr begrenzt, aber die ungeheuren technologischen Fortschritte im Verlauf des letzten Jahrzehnts erlaubten doch bald die Ausdehnung der Anwendungsmöglichkeiten. Anstelle der wenigen Milliwatt oder einiger Kilohertz, die seine Nutzbarmachung einschränkten, erhielt man Wattleistungen um 100 Megahertz und Milliwattleistungen gegen 1000 Megahertz. (Hertz ist die nach dem Entdecker der elektromagnetischen Wellen, dem deutschen Physiker Heinrich Hertz, 1857–1894, benannte Maßeinheit der Frequenz: 1 Schwingung pro Sekunde = 1 Hz.)

Die industrielle Produktion stieg ebenfalls erheblich: In den USA entwickelte sie sich beispielsweise von 1,5 Millionen Einheiten im Jahre 1954 auf 80 Millionen im Jahre 1959. Im Jahr 1965 überschritt sie die Produktion von Elektronenröhren und erreichte nahezu 500 Millionen Einheiten.

Bild Seite 10:

Klein wie Blüten sind diese integrierten Transistorschaltungen, die Siemens auf der Funkausstellung 1969 zeigte.

Physikalische Erforschung der Halbleiter

1822	Berzelius findet das Silizium
1886	Winkler entdeckt das Germanium
1900–1931	praktische Verwendung von Halbleitern zur Demodulation elektromagnetischer Wellen (»Detektoren« aus Bleiglanz, Eisenpyrit, Zinkat) und zum Gleichrichten des Wechselstroms (Selentrockengleichrichter ab 1920, Kupferoxydgleichrichter ab 1926)
1931–1940	Periode theoretischer Forschung auf dem Gebiet der festen Körper: L. Brillouin, A. H. Wilson, J. C. Slater, F. Seitz, W. Schottky.
1940–1948	experimentelle Untersuchungen über die Silizium- und Germanium-Gleichrichter, vor allem in den USA
seit 1948	Erfindung des Punkttransistors (Patent vom 17. Juni 1948) und des Flächentransistors (1949). Intensive Forschung an allen Universitäten und Laboratorien. Rasche industrielle Entwicklung.

Die Bewegung der Elektronen in der Materie

Struktur des Atoms

Das Atom besteht aus einem Kern, um den Elektronen kreisen. Diese Elektronen verteilen sich auf Umlaufbahnen, die man »Schalen« nennt. Man bezeichnet die Schalen im Aufbau vom Kern des Atoms aus nach außen mit K, L, M, N, O, P, Q. Die Atome des Siliziums und des Germaniums, also der beiden in der Dioden- und Transistortechnik am meisten verwendeten Elemente, lassen sich schematisch wie im Bild Seite 12 darstellen. Die K-Schale, die dem Kern am nächsten liegt, ist höchstens mit 2 Elektronen besetzt, die L-Schale mit 8 Elektronen, die M-Schale mit 18 Elektronen und die N-Schale mit 4 Elektronen. Das Silizium ist einfacher aufgebaut, es hat nur eine K-, L- und M-Schale, von denen die beiden ersten voll aufgefüllt sind und die M-Schale mit nur 4 Elektronen besetzt ist. Das Silizium hat also $2+4+8=14$ Elektronen, während das Germanium mit seinen voll aufgefüllten drei inneren Schalen und der nur mit 4 Elektronen gefüllten N-Schale $2+8+18+4=32$ Elektronen aufweist.

Die elektrische Ladung des Atoms ist gleich Null, denn der Kern enthält eine bestimmte Menge positiver Ladungen (die Protonen), die der Menge negativer Ladungen (die Elektronen) in der Hülle gleich ist. Werden Elektronen aus der Hülle entfernt, dann erscheint das Atom positiv geladen, weil die Protonen das Übergewicht erhalten. Dort, wo sich die weggenommenen Elektronen niederlassen, entsteht dann ein Überschuß negativer Ladungen.

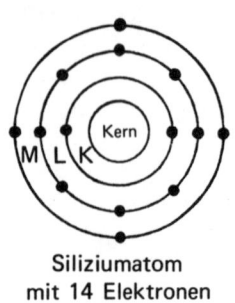

Siliziumatom
mit 14 Elektronen

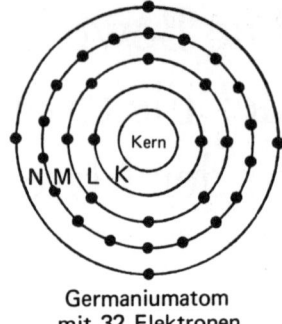

Germaniumatom
mit 32 Elektronen

Schematische Darstellung des Silizium-Atoms und des Germanium-Atoms. Der Atomkern wird auf verschiedenen Umlaufbahnen von einer bestimmten Anzahl von Elektronen umkreist.

Interessiert man sich nur für die elektrischen Eigenschaften der Materie, so ist es wichtig zu wissen, daß man es dabei nur mit der äußeren Schale des Atoms zu tun hat. Man versteht diesen Sachverhalt leicht: Da die elektrischen Phänomene auf die Bewegung freier Elektronen zurückzuführen sind und die Elektronen der inneren Schalen des Atoms von den Anziehungskräften des Kerns außerordentlich stark gebunden werden, können diese kaum eine Rolle in elektronischen Austauschvorgängen spielen. Es sind die vier Elektronen der M-Schale des Siliziums bzw. die vier Elektronen der N-Schale des Germaniums, die für die elektrischen Eigenschaften dieser beiden Körper verantwortlich sind.

Kristalline Strukturen

Wegen des regelmäßigen Aufbaus der Kristalle kennt man die Elektronenbewegung in Kristallen genau. Dieses Wissen ist Voraussetzung für die Herstellung von Halbleiter-Dioden und Transistoren.

In einem Kristall sind die Atome regelmäßig im Raum angeordnet. Beim Germanium und Silizium ist jedes Atom mit vier Nachbaratomen so verbunden, daß die Entfernungen der Atome untereinander stets gleich sind. Man kann sich diese Struktur folgendermaßen vorstellen: In einem regelmäßigen Tetraeder – einer von vier gleichseitigen Dreiecken begrenzten Pyramide – sind die Atome so angeordnet, daß sich in der Mitte des Körpers ein Atom und in jeder Spitze der Pyramide je ein weite-

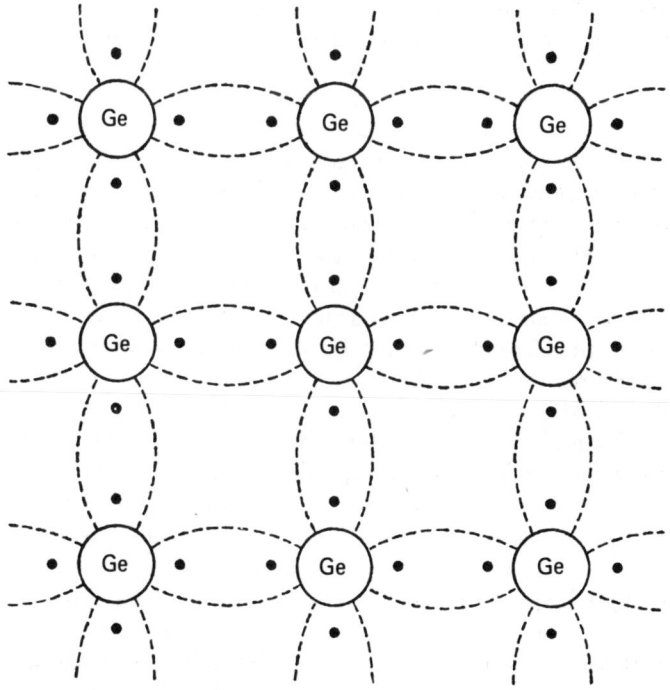

Symbolische Darstellung der Kristallstruktur (des »Kristallgitters«) beim Germanium.

res befindet. Zweidimensional kann man diese Anordnung aufzeichnen. Das Bild auf Seite 13 zeigt ein Schema der Kristallstruktur des Germaniums.

Nun können wir davon ausgehen, daß je zwei Nachbaratome zwei Peripherie-Elektronen stellen, die man Valenzelektronen nennt: Atom 1 leiht dem Atom 2 ein Elektron und erhält eins im Tausch dafür. Diese beiden Elektronen sind nun für die äußeren Schalen von Atom 1 und 2 gemeinsam zu zählen; die so entstandene Bindung nennt man kovalent. Wie im Bild auf Seite 13 zu sehen, wird jedes Atom mit vier Nachbaratomen durch die regelmäßige Position der Valenzelektronen des Kristallgitters verbunden. In einem einwandfreien Germanium- oder Siliziumkristall sind alle äußeren Elektronen der Atome miteinander verknüpft: Sie können sich nicht frei im Kristall bewegen.

Da die elektrische Leitfähigkeit auf der Bewegung freier Elektronen beruht, müßten Germanium und Silizium sich folglich wie Nichtleiter (Isolatoren) verhalten. Das träfe auch zweifellos zu, wenn die Bindungskräfte der Valenzelektronen stark genug wären, um von äußeren Einflüssen wie Temperatur, Strahlungen oder elektrischen Feldern nicht gebrochen werden zu können, die Elektronen freisetzen. Der Diamant beispielsweise ist so stabil – er hat wie das Germanium und das Silizium vier Elektronen in seiner Außenschale, kristallisiert sich nach dem gleichen System und bildet einen ausgezeichneten Isolator. Dagegen werden wir im folgenden sehen, daß Germanium und Silizium unter gewissen Umständen elektrisch leitfähig werden.

Die Leitfähigkeit von Germanium und Silizium und das Elektron-Loch-Paar

Nehmen wir einmal an, daß sich ein Elektron in einer Kovalenzbindung von den Anziehungskräften des Atomgefüges infolge äußerer Einflüsse frei gemacht hat. Ein solches Elektron bewegt sich im Kristall und stößt ständig an andere Atome, die es ihrerseits zurückstoßen. Die Atome schwingen unter solchen Einwirkungen der thermischen Energie des Kristalls, die nur beim absoluten Temperatur-Nullpunkt gleich Null ist. Man spricht dabei von der Elektronenbewegung. Legt man ein elektrisches Feld an einen Kristall, so bleibt die Bewegung des Elektrons zwar regellos; es entsteht aber eine allgemeine Bewegung in die dem elektrischen Feld entgegengesetzte Richtung: Die freien Elektronen leiten Elektrizität parallel zum elektrischen Feld. Die durchschnittliche Bewegungsgeschwindigkeit der Elektronen ist relativ langsam und beträgt etwa 36 m/sec in einem Feld von 1 V/cm beim Germanium.

Bei der Arbeitsweise der Transistoren spielt aber noch ein zweites Phänomen eine wesentliche Rolle: die Leitung durch das Elektronenloch. Bei Metallen gibt es eine solche nicht, denn das Aluminium, Kupfer oder Eisen leiten die Elektrizität einzig und allein durch die freien Elektronen. Das Elektronenloch indessen ist eine negative elektrische Ladungslücke im Gitter der Valenzbindung, die das Elektron hinterläßt, das sich unter einem äußeren Einfluß aus seiner Bindung in der soeben beschriebenen Weise gelöst hat. Dieses Loch bzw. diese Elektronenlücke übt auf die benachbarten Valenzelektronen eine elektrostatische Anziehungskraft aus, und wenn eines dieser Valenzelektronen dieses Loch auffüllt und selbst ein neues Loch hinterläßt, so entsteht eine Bewegung, als würde das Loch im Kristall wandern. In der Theorie wird diese Bewegung des Loches als Bewegung einer fiktiven Partikel betrachtet, die der Masse des Elektrons entspricht, jedoch positiv geladen ist. Man nennt diese »Partikeln« Mangel- oder Defektelektronen. Dieses Loch ist wie gesagt eine fiktive Partikel, die nichts anderes ist als die Elektronenlücke in einem Kristallgitter. Diese Löcher ermöglichen Sprünge der Valenzelektronen von einer Bindung zur anderen.

Die Lochbewegung ist so regellos wie die des freien Elektrons. Die durchschnittliche Lochbewegung im Kristall erfolgt bei Einwirkung eines elektrischen Feldes in Richtung auf dieses zu, so als sei es eine positive Partikel, jedoch mit einer geringeren Geschwindigkeit (17 m/sec in einem Feld von 1 V/cm beim Germanium) als der des Elektrons.

Zusammenfassend kann man sagen, daß es also in einem einwandfreien, d. h. in einem fehlerlosen und fremdkörperfreien Germanium- oder Siliziumkristall durch äußere Einwirkungen wie Wärme, Strahlung o. ä. möglich ist, daß sich ein Elektron aus seiner Valenzbindung loslöst. Die auf diese Weise entstandenen Elektronen und Löcher sind zu beliebiger Bewegung im Kristall frei und an der Leitung von Elektrizität beteiligt: Oft heißen sie darum Ladungsträger. Die Zahl der Elektron-Loch-Paare steigt mit der Temperatur des Kristalls. Experimentell stellt man dieses Ergebnis so fest, daß die elektrische Leitfähigkeit der Halbleiter mit steigender Temperatur größer wird. Anders gesagt: Der elektrische Widerstand eines Germanium- oder Siliziumstabes verringert sich mit der steigenden Temperatur.

Die Entstehung der Elektron-Loch-Paare kann aber noch andere Ursachen haben, beispielsweise in der Energie von Lichtstrahlungen, Photonen, die stark genug sind, um kovalente Bindungen im Germaniumkristall zu lösen und so dessen Widerstand herabzusetzen. Dieses Phänomen ist die Grundlage der Photodioden und Phototransistoren. Wenn ein Gleichgewichtszustand erreicht ist, entstehen in jedem Augenblick ebenso viele Elektron-Loch-Paare wie verschwinden. Füllt ein freies Elektron ein Loch wieder auf, so verschwindet das Loch, das vorangegangene Elektron ist wieder ersetzt, und eine neue valente Bindung ist entstanden. Die Durchschnittsdauer des Elektron-Loch-Paares kann man beim Germanium so definieren: sie entspricht bei einer Temperatur von 20° C etwa $1/10\,000$ Sekunde. Im Gleichgewichtszustand erfolgt die Erzeugung von Elektron-Loch-Paaren in einem ununterbrochen verlaufenden Prozeß.

Die Rolle der Unreinheiten. Donatoren und Akzeptoren

Die beschriebenen Phänomene beziehen sich auf reine Germanium- oder Siliziumkristalle. Die winzigste Menge von Verunreinigungen verändert, wie wir sehen werden, die elektrischen Eigenschaften eines Halbleiters erheblich. Gerade das war der Grund, der die experimentelle Erforschung der Halbleiter so sehr erschwerte, denn die geringste Spur von Fremdkörpern verändert die Phänomene radikal. Die Unreinheiten, mit denen wir uns befassen werden, sind die Atome dreiwertiger oder fünfwertiger reiner Körper. Die Dreiwertigkeit oder Fünfwertigkeit drückt sich im atomischen Maßstab durch die Zahl der Elektronen aus, die den Atomkern auf der äußeren Elektronenbahn umkreisen: der Diamant, das Silizium, das Germanium sind vierwertige

Fotodioden werden in der Weltraumforschung eingesetzt.
Sie reagieren auf Licht und werden elektrisch aktiv. Diese Elemente
auf Halbleiterbasis sind in der Lage, Strom in Größenordnungen
von etwa hundert Ampere unter Spannungen von mehreren
hundert Volt gleichzurichten.

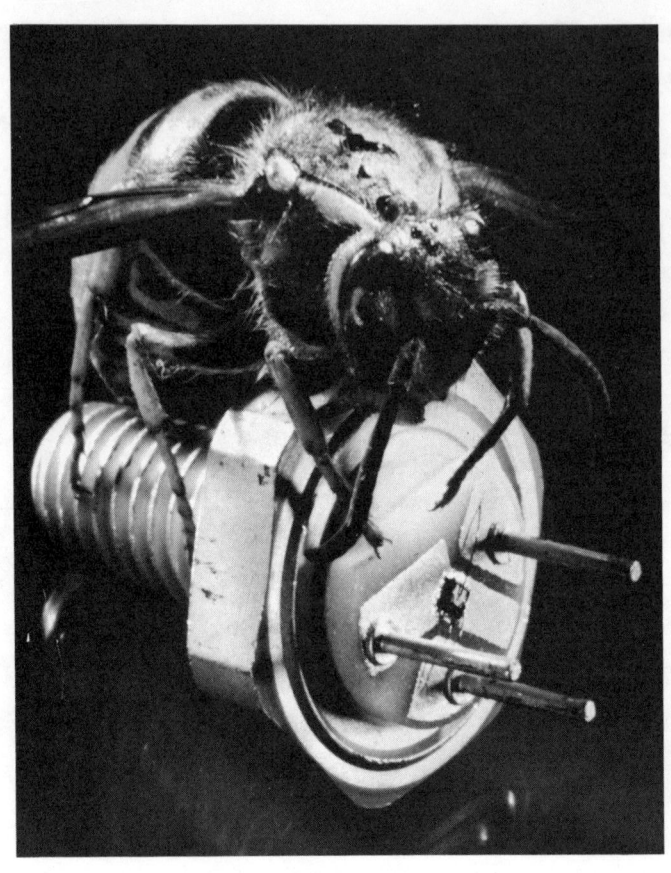

Dieser Hochfrequenz-Leistungstransistor besteht aus vielen kleinen Emittern, die parallelgeschaltet sind. Er ist geöffnet und läßt zwischen den Steckkontakten das winzige integrierte Schaltsystem erkennen, das mit einer Berylliumoxydscheibe vom Gehäuse isoliert ist.

Stoffe; das Bor, das Aluminium, das Gallium, das Indium führen drei Elektronen auf der äußeren Elektronenschale und sind somit dreiwertige Stoffe; der Phosphor, das Arsen, das Antimon sind fünfwertige Stoffe, denn sie besitzen fünf Elektronen auf der peripherischen Schale.

Fünfwertige Unreinheiten. Leitfähigkeit durch Elektronen

Stellen wir uns einen einwandfreien Germanium- oder Silizium-Kristall vor, in dem sich eine winzige Menge eines der genannten fünfwertigen Körper befindet. Winzige Menge – darunter versteht man eine Größenordnung von einem Fremdatom auf hundert Millionen Germaniumatome, dessen Anwesenheit die Kristallstruktur mechanisch praktisch nicht verändert. Das fremde fünfwertige Atom hat im Kristallgitter den Platz eines Germaniumatoms eingenommen. Da dieses Atom fünf Elektronen auf der peripheren Schale hat, können vier dieser Elektronen den Platz der Kovalenzbindungen zu den Germanium-Nachbaratomen besetzen. Das fünfte Elektron indessen bleibt frei oder es verhält sich doch so wie ein freies Elektron, weil die Kräfte sehr schwach sind, die es an das fünfwertige Atom binden; siehe Bild auf Seite 20. Diesem Atom wird eine wichtige Funktion zufallen, denn es wird Elektrizität leiten. In dem Maße, wie die Konzentration der Unreinheiten gesteigert wird, erhöht sich die Leitfähigkeit bzw. verringert sich der elektrische Widerstand. Fügt man zum Beispiel ein Fremdatom hundert Millionen Germaniumatomen zu, so erhöht sich die Leitfähigkeit um das Sechzehnfache im Verhältnis zum reinen Kristall; fügt man es zehn Millionen Germaniumatomen zu, so erhöht sie sich um das Hundertsechzigfache. Sieht man von den Elektronen und Löchern ab, die aus entstandenen und rekombinierten Elektronenlöcherpaaren hervorgehen, so entspricht die Anzahl der freien Elektronen im Kristallgitter der Zahl der Fremdatome.

Die fünfwertigen Unreinheiten werden auch Donatoren (von lateinisch donare, schenken) oder n-Verunreinigungen (»n« von »negativ«) genannt. Ein Germanium- oder Siliziumkristall gehört zum n-Typ, wenn die Mehrzahl der Ladungsträger aus Elektronen besteht.

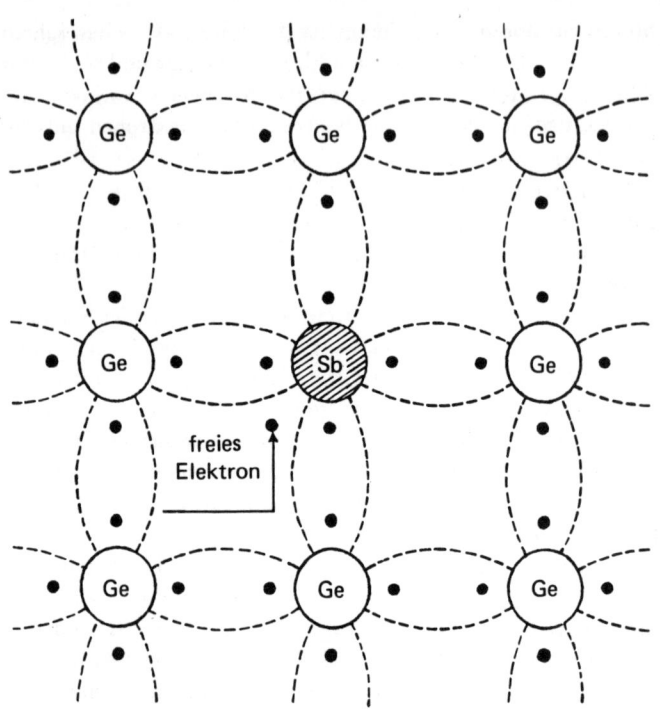

Bei der Verunreinigung des Germanium-Kristallgitters durch ein Antimonatom entsteht ein freies Elektron. Seine wichtige Funktion besteht in der Fähigkeit, Elektrizität weiterzuleiten (»Halbleiter«).

Schließt man einen Kristallstab mit n-Halbleitereigenschaften an eine kontinuierliche elektrische Spannungsquelle an, wie es das Schema auf Seite 22 zeigt, so werden die freien Elektronen zur positiven Elektrode A angezogen. Jedes Mal, wenn ein Elektron den Kristall bei A verläßt, um durch den Außenkreislauf zu zirkulieren, tritt ein Elektron bei B durch die negative Elektrode B ein. Auf diese Weise erhält man einen ununterbrochenen Elektronenstrom quer durch den Kristall, solange er an die Batterie angeschlossen bleibt.

Dreiwertige Unreinheiten. Leitfähigkeit durch Löcher

Man kann auch dreiwertige Fremdatome in ein Kristallgitter einbauen, stets allerdings in winziger Menge. Jedes dieser Atome besetzt den Platz eines Germaniumatoms. Da es jedoch nur drei Elektronen auf seiner peripheren Schale besitzt, bleibt die valente Bindung mit einem Germanium-Nachbaratom unvollständig. Es entsteht ein Loch, das heißt eine Valenz-Elektronenlücke. Diese dreiwertigen Verunreinigungen werden Akzeptoren (von lateinisch accipere, annehmen) oder p-Verunreinigungen (»p« von »positiv«) und der Kritall entsprechend p-Kristall genannt.

Schließt man einen p-Germanium-Kristall an eine kontinuierliche elektrische Spannungsquelle an, so werden von der negativen Elektrode die Löcher angezogen. Erreicht ein Loch die Elektrode, so wird es durch ein freies Elektron aus dem Außenkreislauf annulliert. Gleichzeitig wird bei der positiven Elektrode ein Elektron frei und verläßt den Kristall, um in die Elektrode einzutreten, wobei ein Loch in der Nähe dieser Elektrode entsteht. Dieses Loch wird wiederum von der negativen Elektrode angezogen. Auf diese Weise erhält man einen ununterbrochenen Löcherstrom quer durch den Kristall und einen kontinuierlichen Strom freier Elektronen im Außenkreislauf, entsprechend dem Schema auf Seite 23.

Die Leitfähigkeit durch die Löcher bzw. Defektelektronen verläuft also nicht anders als bei elektronischen Partikeln, die positiv geladen sind.

Im Kristall können allerdings auch andere Fremdkörper vorkommen, etwa Metallatome. Solche Fremdatome sind aber um so un-

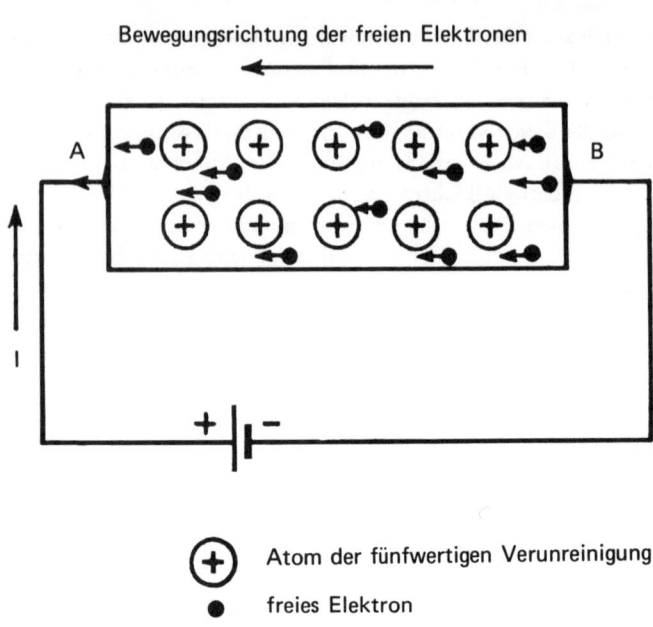

Ein Germaniumstab, der mit Verunreinigungen des Typs n dotiert ist, wird durch die freien Elektronen leitfähig.

erwünschter, als man sie nur schwer kontrollieren kann; sie stören die Kristallstruktur erheblich und verändern ihre Merkmale. Ebenso wird die Leitfähigkeit verändert, wenn n-Verunreinigungen in einen p-Kristall – oder umgekehrt – gelangen, denn die mit den n-Verunreinigungen gelieferten freien Elektronen kompensieren die Löcher, die mit den p-Verunreinigungen geschaffen wurden. Im extremen Fall könnten die n- und p-Verunreinigungen gleich zahlreich sein, sich also ausgleichen und dazu führen, daß sich der Kristall so verhält, als wäre er rein.

Wir müssen uns darüber klar sein, daß natürlich die Verunreinigungs-Elemente den Kristallen bei der Produktion zugegeben werden – wie es noch in diesem Buch behandelt wird – und eine der großen technischen Schwierigkeiten der Transistorenherstellung gerade in der zuverlässigen Kontrolle der Verunreinigungs-Konzentrationen besteht.

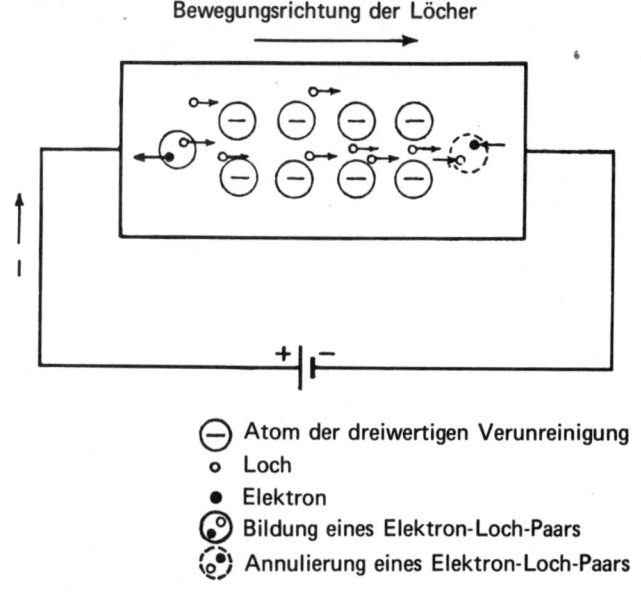

Ein Germaniumstab, der mit Verunreinigungen des Typs p dotiert ist, wird mit den Löchern elektrisch leitfähig.

Eine Transistoren-»Parade« im Sand, dem Stoff, aus dem das Silizium gewonnen wird. Silizium und Germanium sind die wichtigsten Halbleiterelemente der Elektronik.

Die pn-Verbindung und die Arbeitsweise des Transistors

Die pn-Verbindung

Die pn-Verbindung bildet einen kleinen elektrischen Widerstand in einer Richtung und einen großen Widerstand in der entgegengesetzten. Das Studium dieser Verbindung ist von grundlegender Bedeutung: Abgesehen von seinen entscheidenden Aufgaben in Dioden und Gleichrichtern werden wir sehen, daß der Transistor mit zwei pn-Verbindungen gebildet wird, deren Verknüpfung eben das eigentliche Transistor-Phänomen hervorruft.

Wir stellen uns, wie im Bild Seite 26 zu sehen, einen Germanium- oder einen Siliziumkristall vor, dem man rechts von einer angenommenen Fläche AB n-Verunreinigungen und links dieser Fläche p-Verunreinigungen zugefügt hat. Die Fläche AB ist der pn-Übergang, der die beiden Bereiche n und p trennt. Wesentlich ist, daß die Kristallstruktur des Germaniumstabes keinerlei Veränderungen in diesem Übergang aufweist, denn die Verunreinigungen sind nur in winziger Menge vorhanden; Größenordnung etwa 1 Fremdatom zu 10–100 Millionen Germaniumatomen.

Die Durchlaßrichtung der pn-Verbindung

Ein Germaniumstab mit pn-Übergang im Zentrum wird an eine elektrische Spannungsquelle (Batterie E) angeschlossen, deren positiver Pol mit dem p-Bereich verbunden ist (Bild Seite 27). Die Wirkung des elektrischen Feldes zieht die Defektelektro-

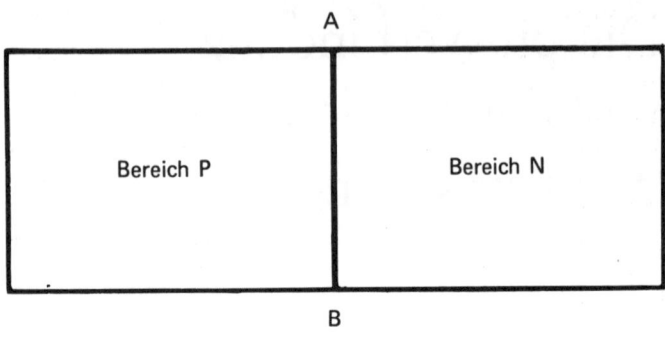

Darstellung des pn-Übergangs.

nen bzw. Löcher des p-Bereichs zum n-Bereich hin und die freien Elektronen des n-Bereichs zum p-Bereich. Es ist eine wesentliche Voraussetzung dabei, daß diese Elektronen und Defektelektronen ausschließlich durch n- und p-Fremdkörper im Kristall entstehen. Sobald ein Defektelektron, also ein Loch den Übergang AB passiert und in den n-Bereich gelangt, verbindet es sich mit einem freien Elektron. Bildlich: Das Elektron fällt ins Loch. Gleichzeitig tritt ein Elektron durch die negative Elektrode, um die elektrischen Ladungen im Bereich n zu erhalten, während sich ein Elektron bei der positiven Elektrode aus der Kovalenzbindung loslöst, um den Kristall durch die positive Elektrode zu verlassen und ein neues Loch in ihr zu erzeugen. Die Löcher »wandern« weiter, die Elektronen bewegen sich in entgegengesetzter Richtung fort. Es fließt ein Strom durch den jetzt kleinen Innenwiderstand der pn-Verbindung. Der Kristall leitet also die Elektrizität, denn der elektrische Strom fließt durch die Elektroden, die an die Batterie angeschlossen sind. Man spricht bei diesem Strom von »Löcherstrom«, weil er durch die Löcher oder Defektelektronen des p-Bereichs erzeugt wird, die in den n-Bereich übergehen.

Für ein freies Elektron des n-Bereichs, das den Übergang passiert und sich in seiner Nähe mit einem Loch des p-Bereichs rekombiniert, gilt die gleiche Überlegung. Bei diesem Strom spricht man von Elektronenstrom. Der gesamte Strom, der im Außenkreislauf zirkuliert, entspricht der Summe des Löcher- und des Elektronenstroms. Beide Ströme kann man nicht trennen – man mißt nur ihre Summe. Die Trennung kann nur mathematisch vorgenommen werden, wobei man feststellt, daß das Verhältnis des Elektronenstroms zum Löcherstrom dem Verhältnis der Konzentrationen von n- und p-Verunreinigungen proportional ist. Diese genau definierten Konzentrationen der Verunreinigungen oder Fremdatommengen nennt man auch »Dotierung«.

Hat man beispielsweise den p-Bereich stärker als den n-Bereich mit Verunreinigungen dotiert, erzeugt man vor allem Löcherstrom. Man kann in solchem Falle fast vom gesamten Strom als von Löcherstrom sprechen.

Bei der Arbeitsweise des Transistors spielen diese Rekombinationsphänomene, die wir besprochen haben, eine entscheidende

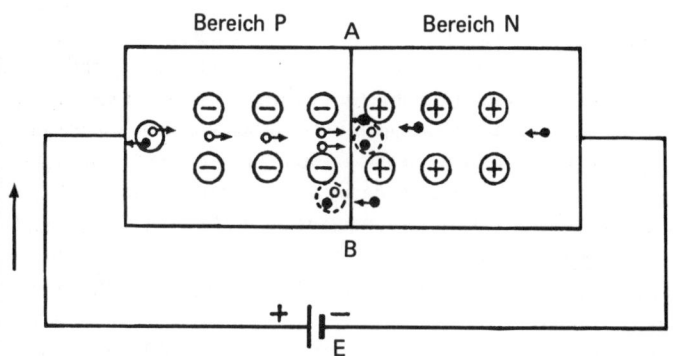

⊕ Atom der fünfwertigen Verunreinigung
⊖ Atom der dreiwertigen Verunreinigung
o Loch
• Elektron
💢 Annullierung eines Elektron-Loch-Paars
⊙⊙ Bildung eines Elektron-Loch-Paars

pn-Übergang, der in der Durchlaßrichtung gespeist wird.

Rolle. Vergegenwärtigen wir uns, daß sie in der Nähe der Übergangsfläche auftreten, und nehmen wir als Beispiel die Wanderung von Löchern zum n-Bereich: Diese Löcher rekombinieren sich sehr rasch mit den freien Elektronen des n-Bereichs. Bereits in einer Entfernung vom Übergangsbereich zwischen etwa einigen zehn Mikometern ($= 1/1000$ mm) und einigen hundert Mikrometern hat sich die Löcherkonzentration um die Hälfte verringert – in einer Entfernung von 1 mm sinkt sie praktisch auf Null.

Die Sperrichtung der pn-Verbindung

Wird die Batterie umgekehrt gepolt, das heißt mit + bei n und mit — bei p, so stellt man fest, daß kein Strom mehr fließt. Die pn-Verbindung verhält sich wie ein offener Kreis. Die Erklärung für dieses Phänomen veranschaulicht das Bild auf Seite 29: Die negative Elektrode zieht die Löcher des p-Bereichs und die positive Elektrode die Elektronen des n-Bereichs an.
Die Folge ist, daß der Raum seine freien Elektronen und seine Defektelektronen bzw. Löcher in der Nähe des Übergangs verliert. Allerdings stellt sich ein Ausgleichszustand ein; denn in dem Maße, wie sich die Elektronen und Löcher von der Übergangslinie entfernen, bilden die Donatoren- und Akzeptoren-Atome – die im Kristallgitter fest placiert sind – positive bzw. negative Ladungszentren. Diese Ladungszentren wirken der Wanderung der Elektronen (in dem n-Bereich) und der Löcher (in dem p-Bereich) entgegen und bilden beiderseits der Übergangsfläche ein Spannungsfeld.
Im Gleichgewichtszustand gibt es also keine Ladungsträger - freie Elektronen oder Defektelektronen – in den Grenzzonen zu beiden Seiten des Übergangs: Diese Grenzzonen erscheinen wie von einer Sperrschicht getrennt, die isolierend wirkt und die gesamte Außenspannung blockiert.
Zusammenfassend läßt sich sagen, daß je nach der Polarität der Spannung, der ein Silizium- oder Germaniumkristallstab einer pn-Verbindung ausgesetzt wird, ein solcher Stab sich entweder als Kurzschluß oder als offener Stromkreis erweist. Diesen Effekt nutzt man in vielen technischen Konstruktionen aus, die von den Hochfrequenz-Signaldetektoren bis zu den Industrie-

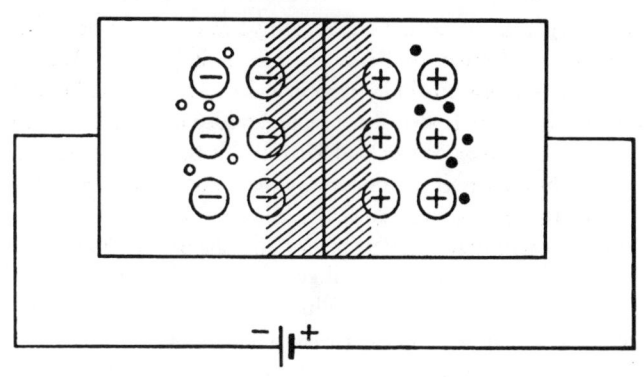

- ⊖ Atom der dreiwertigen Verunreinigung
- ⊕ Atom der fünfwertigen Verunreinigung
- • Elektron
- ○ Loch
- ▨ Isolierbereich ohne elektrische Ladungsträger

pn-Übergang, der in der Sperr-Richtung gespeist wird.

strom-Gleichrichtern reichen, nicht zu vergessen die wichtige Rolle der Dioden in den logischen Stromkreisen der Elektronenrechner.

Diese recht vereinfachte Darstellung zeigte vor allem die Gleichrichterwirkung der pn-Verbindungen. Ein eingehenderes Studium würde die Betrachtung weiterer Eigenschaften und Phänomene verlangen, wie z. B. die Entstehung des sehr schwachen Reststroms, der in Sperrichtung fließt. Mit der Temperatur der pn-Verbindung steigt der Reststrom rasch an. Bei Siliziumbauteilen ist der Reststrom hundert- bis tausendfach schwächer als in Germaniumbauelementen. Dies ist einer der Gründe, die für Silizium bei der Herstellung von Leistungsgleichrichtern sprechen.

Die Dioden

Die erste »Halbleiterdiode« war der Detektor: Ein Bleiglanz-(Bleisulfid-)Kristall, den eine feine Stahlspitze berührte. Der Übergang zwischen Spitze und Kristall leitet den Strom in der einen Richtung besser als in der anderen. Vom Beginn des deutschen Unterhaltungsrundfunks am 24. Oktober 1923 an war der Kristalldetektor das Standardbauelement der Radiobastler, denn diese Detektoren waren viel billiger als die Röhrendioden. Auch heute werden Dioden hergestellt, die aus einem Germanium- oder Siliziumkristall und einer Metallnadel bestehen. Diese Spitzendioden besitzen wegen ihrer geringen Eigenkapazität Eigenschaften, die sie für die Verwendung in der Hochfrequenztechnik interessant machen. Inzwischen wurden Flächendioden entwickelt, die geeignet sind, große Ströme unter hoher Spannung gleichzurichten.

Die Fotodioden

Die Photodiode besteht aus einer pn-Verbindung, die einem von außen auftreffenden Lichtstrahl ausgesetzt ist. Ihr Übergang ist in der Sperrichtung von einer Stromquelle polarisiert. Bei Dunkelheit ist der Strom sehr schwach: Es ist der Reststrom der blockierten Diode. Erreicht das Licht indessen die Übergangszone, so steigt der Strom proportional zum Lichtstrom. Die Lichtstrahlen bestehen nämlich aus Photonen, also Energiepartikeln. Wenn die Photone in den Kristall eindringen, lösen sie mit ihrer Energie die »Bewegung« der Elektron-Loch-Paare aus. Die im p-Bereich losgelösten Elektronen passieren den Übergang und diffundieren im n-Bereich. Dasselbe geschieht mit den im n-Bereich entstandenen Löchern, die alsbald im p-Bereich diffundieren. Mit dem Austausch der Ladungsträger über die Übergangsfläche hinaus wird der Widerstand erniedrigt, und der Strom des Außenkreislaufs steigt im Verhältnis zum Lichtstrom. Die Elektronen des p-Bereichs und die Löcher des n-Bereichs, die weit von der Übergangszone entfernt losgelöst wurden, rekombinieren sich, bevor sie den Übergang erreichen, und haben keinen Einfluß auf den Strom.

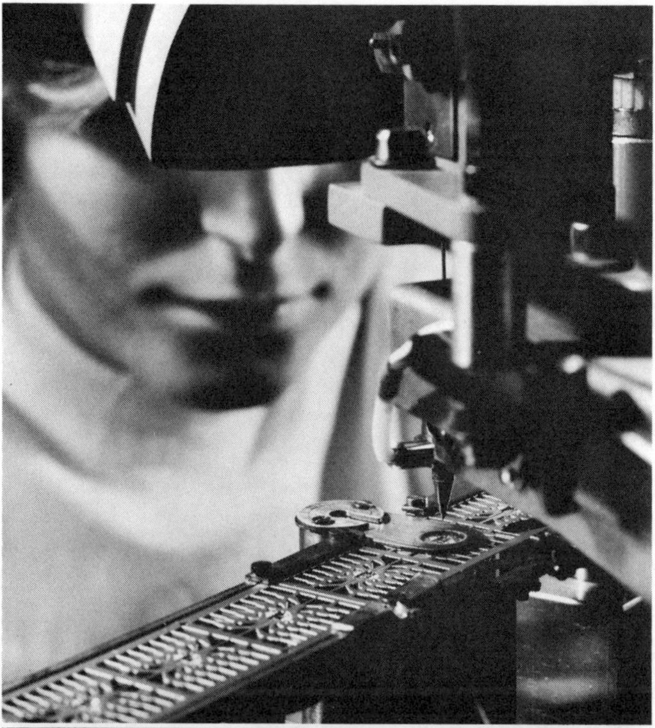

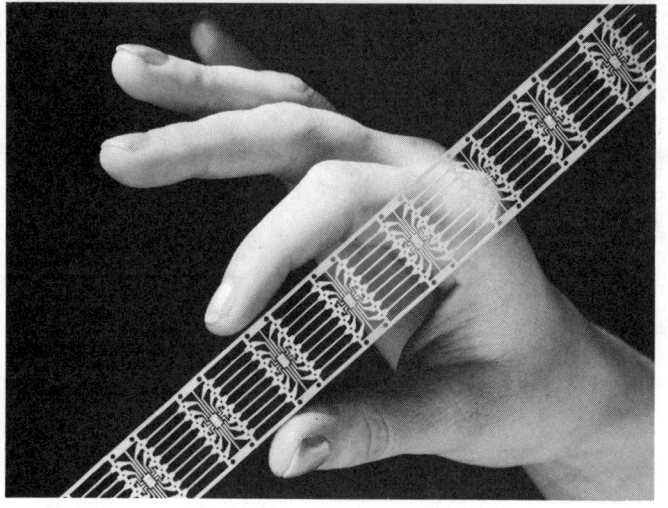

Der Transistor

Über den Flächentransistor

Der Flächentransistor besteht aus einem Germanium- oder Silizium-Monokristall, der bei der Herstellung mit p- oder n-Fremdatomen dotiert wurde, um zwei pn-Verbindungen zu schaffen. Man erreicht so drei verschieden dotierte Bereiche (pnp oder npn), die – wie im Bild Seite 34 zu sehen – demselben Germanium- oder Siliziumkristallgitter angehören, denn die zugegebene Verunreinigungsmenge bleibt immer winzig genug, um die gesamte Kristallstruktur als solche nicht zu verändern. Man kann den Transistor als ein Gebilde aus zwei einander entgegengesetzten Dioden betrachten, deren gekoppelte Übergänge ein neues Phänomen erzeugen, das diesem Gebilde verstärkende Eigenschaften verschafft.

Die pnp- und die npn-Transistoren, die in der Industrie hergestellt werden, sind ziemlich gleich verbreitet. Ihre Arbeitsweise ist insoweit identisch, als die Pole der elektrischen Quellen umgekehrt werden, die an den Transistor angeschlossen sind. Mit den Außenelektroden werden alle drei Schichten verbunden: Emitter, Basis und Kollektor. Die Struktur dieser Schichten ist jedoch nicht symmetrisch: Der Emitter besitzt entweder eine dünnere Grenzschicht oder eine höhere Verunreinigungskonzentration als der Kollektor. Der Abstand zwischen beiden Verbindungen bzw. Übergängen, das heißt die Stärke der Basis liegt zwischen 30 und 80 μm bei den Niederfrequenztransistoren, zwischen 10 und 30 μm bei den Mittel- und Hochfrequenztransistoren und bei einigen Mikrometern für die Ultrahochfrequenztransistoren. Das Frequenzverhalten eines Transistors ist in der Tat um so besser, je geringer die Stärke der Basis ist.

Die Grenzschichten des Emitters und des Kollektors haben Werte zwischen einigen Zehnteln mm² und mehreren mm²; im letzteren Falle bei den Leistungstransistoren. Die Bereichslängen der Emitter und Kollektoren sind belanglos.

Wichtiger Prüfvorgang in der Transistorproduktion: Beim Kontaktieren integrierter Halbleiterschaltungen unter dem Stereo-Mikroskop (Seite 31–32) werden Fehlprodukte »ausgestempelt«.

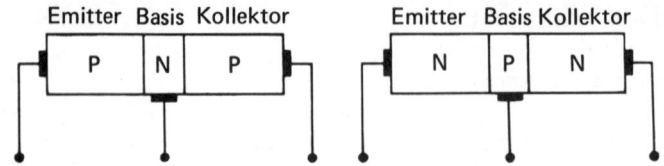

Schema von Flächentransistoren des Typs pnp und npn.

Die Arbeitsweise des Transistors

Betrachten wir einen npn-Transistor, der – wie im Bild Seite 35 – an zwei Gleichstromquellen angeschlossen ist. (Es genügt, die Rolle der freien Elektronen und der Löcher auszutauschen, um einen pnp-Transistor zu erhalten.) Die eine Stromquelle befindet sich zwischen dem Emitter und der Basis: Der negative Pol der Batterie ist mit dem Emitter so verbunden, daß der Übergang Emitter-Basis in der Flußrichtung gespeist wird. Die andere befindet sich zwischen Kollektor und Basis, wobei der positive Pol mit dem Kollektor verbunden ist: Der Übergang Kollektor-Basis wird nun in der Sperrichtung gespeist.

Die freien Elektronen des Emitters passieren den Übergang Emitter-Basis. Die geringe Lochmenge der Basis bietet jedoch wenig Möglichkeiten für Rekombinationen mit den Löchern, und so wandern 98 %/% der Elektronen zum Übergang Basis-Kollektor. Sie dringen in den Kollektor-Bereich ein, wo sie von der positiven Spannung des Kollektors angezogen werden. In der Elektrode des Kollektors entsteht dabei ein Strom, der dem in den Emitter dringenden Strom fast gleich ist. Die Sperrfläche Basis-Kollektor läßt somit trotz Speisung in der Sperrichtung einen Strom durch, der dem Emitterstrom ungefähr gleich ist. Dies ist möglich, wenn die Basisschicht sehr dünn ist. Denn: Beträgt der Abstand zwischen den beiden Übergängen etwa 1 mm, so können sich die aus dem Emitter stammenden Elektronen in der Basis mit den Löchern rekombinieren. An den Übergängen entstünde dann keine Wechselwirkung und vor allem wäre der Kollektorstrom fast gleich Null; er würde, mit anderen Worten, dem Reststrom der Basis-Kollektor-Diode entsprechen.

An der Basis-Emitter-Diode besteht ein Löcherstrom, der in der Flußrichtung gespeist wird. Er ist ungefähr hundertmal kleiner als der Elektronenstrom eines gut konstruierten Transistors, weil die p-Verunreinigungskonzentration der Basis viel geringer ist als die n-Verunreinigungskonzentration des Emitters. So entspricht der in der Basiselektrode zirkulierende Strom der Summe
– des Stroms aus den vorausgefolgten Löchern, die aus der Basis in die Emitterschicht gedrungen waren;
– des Löcherstroms, der aus der Rekombination der Elektronen in der Basis stammt, als diese vom Emitter zum Kollektor überwechselten.

Der Gesamtstrom, der in der Basiselektrode zirkuliert, ist immer – etwa zwanzig- bis zweihundertmal – schwächer als der Gesamtstrom der Emitter- oder Kollektor-Elektrode; aber er ist ihm proportional. Daraus ergibt sich die Möglichkeit, den Kollektorstrom mit dem Basisstrom zu steuern und den Strom zu verstärken.

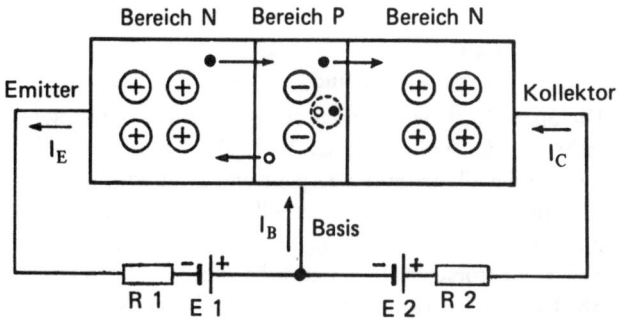

⊖ Atom der dreiwertigen Verunreinigung
⊕ Atom der fünfwertigen Verunreinigung
● Elektron
○ Loch
⊙ Annullierung eines Elektron-Loch-Paars

Spannungen am npn-Transistor.

In dieser vereinfachten Darstellung ist der Reststrom der Basis-Kollektor-Diode nicht berücksichtigt, der durch die Basis- und Kollektor-Elektroden fließt. So schwach der Strom im allgemeinen ist (beim Germanium einige μA, beim Silizium einige Hundertstel μA), steigt er doch rasch mit der Temperatur.

Die Leistung eines Transistors: seine Verstärkerwirkung

Die beschriebenen physikalischen Vorgänge müssen wir jetzt in die Begriffe der Elektrotechnik umsetzen:
- Bezeichnet man den Emitter-, Basis- und Kollektorstrom jeweils mit I_E, I_B und I_C, so entspricht der Stromfluß eines npn-Transistors den Angaben im Bild Seite 35
- Der Strom I_C ist um ein geringes schwächer als der Strom I_E (Beispiel: $I_C = 0{,}98\ I_E$.)
- Der Basisstrom I_B ist schwächer als der Emitter- oder Kollektorstrom.

    (Beispiel: $I_C = \dfrac{0{,}98}{1 - 0{,}98}\ I_B = 49\ I_B$

    weil
    $I_E = I_B + I_C$ und $I_C = 0{,}98\ I_E$.)
- Die Spannung, die zwischen der Basis und dem Emitter entsteht, beträgt einige Zehntel Volt. Die Basis-Emitter-Diode wird in der Flußrichtung gespeist und zeigt darum nur einen schwachen Widerstand und deshalb auch einen geringen Spannungsabfall.
- Der Kollektorstrom I_C hängt nicht vom Widerstandswert R_2 ab. Die einzige Bedingung ist, daß sich der Kollektor stets positiv zur Basis verhält.
- Wenn der Emitterstrom gleich Null ist, so ist der Strom I_C sehr gering: Es ist der Reststrom der Kollektor-Basis-Diode.

Aus diesen Resultaten kann man die Gründe ableiten, die einen Transistor zum Verstärkungselement machen. Zunächst einmal: Wie definiert man den »Gewinn« eines Verstärkerelements? Er wird im Verhältnis zwischen der Ausgangsleistung zur Eingangsleistung dieses Elements bestehen. Die Eingangsleistung eines Transistors ist schwach, weil die Emitter-Basis-Diode in Flußrichtung gepolt ist. Die bei R_2 erhaltene Leistung — im Bild Seite 35 — kann relativ groß sein, wenn dieser Widerstand einen hohen Wert hat.

Als Beispiel nehmen wir an, daß der Emitterstrom 2 mA und die Emitter-Basis-Spannung 0,2 Volt betragen. Die Eingangsleistung beträgt 0,4 mW. Der Kollektorstrom ist $2 \times 0{,}98 = 1{,}96$ mA. Beträgt der Widerstand R_2 10 000 Ω, so ist die in diesem Widerstand enthaltene Leistung gleich $R_2 I_C^2$, d. h. 38,4 mW. Man erhält somit einen Verstärkungsgewinn von $38{,}4/0{,}4 = 96$, das heißt also in einer Größenordnung von 100. Nimmt man $R_2 = 100\,000\ \Omega$, so ist der Verstärkergewinn in einer Größe von 1000 zu suchen. Es ist natürlich klar, daß man R_2 nicht endlos erhöhen kann, trotzdem sind Verstärkergewinne in der Größenordnung von 1000 leicht zu erzielen.

Diese Überlegungen beziehen sich auf eine Spannung und einen Strom, die beide konstant sind. Wenn wir aber annehmen, daß Eingangs-Spannung und Eingangs-Strom in ihren kontinuierlichen Werten kleinen Sinusabweichungen (Wechselspannungen und Wechselströme) unterworfen seien, so erfährt die Spannung an den Widerstandsklemmen R_2 unter diesen Umständen entsprechende, um ihren kontinuierlichen Wert verstärkte Veränderungen. Man kann also modulierte Wechselströme verstärken, wie sie z. B. durch ein Mikrophon als Niederfrequenzsignale erzeugt oder durch eine Antenne als Hochfrequenzsignale empfangen werden.

38

Die Herstellung der Transistoren

Gleichviel welche Herstellungsverfahren man benutzt, ist die Absicht doch stets die gleiche, nämlich eine pnp- oder npn-Kristallstruktur zu erhalten, in der sowohl die Verunreinigungskonzentration der drei Schichten als auch die Basisstärke der beiden Übergänge genauestens bemessen sein soll.

Man muß schon die Arbeit der Physiker und der Ingenieure bewundern, die diese schwierigen technologischen Probleme lösten und innerhalb weniger Jahre eine Industrie zu schaffen vermochten, die solche Elemente in großen Serien produziert.

Es gibt sehr viele Herstellungsverfahren in der Transistortechnik. Wir wollen uns aber auf die vier wichtigsten Grundverfahren beschränken:

- Verfahren durch Legieren
- Verfahren durch Ziehen
- Verfahren durch Diffusion
- Verfahren durch Elektrolyse

Die Industrie setzt diese Verfahren je nach dem herstellenden Unternehmen mit allen möglichen Sondervarianten ein oder wendet sie gleichzeitig bei der Herstellung eines Transistortyps an. Beispielsweise kann man den Kollektor-Basis-Übergang durch Diffusion und den Emitter-Basis-Übergang durch Legierung herstellen. Alle Herstellungsverfahren beginnen aber mit der Aufbereitung von superreinem Germanium oder Silizium.

Ein Siliziumstab wird (links unten) in Scheiben geschnitten. Solche dünnen Scheiben sind die Herzstücke der Gleichrichterstationen städtischer Verkehrsnetze.

Aufbereitung von Germanium und Silizium

Germanium

Die Hauptvorkommen an Germanium bestehen im Germaniumoxyd, wie es als Nebenprodukt in den Zinkbergwerken gewonnen wird. Die Umwandlung des Germaniumoxyds in Germanium erfolgt durch Reduktion in einer Wasserstoffatmosphäre. In dieser Phase enthält das Germanium trotz chemischer Läuterung noch viel zu viele Verunreinigungen, als daß es zur Herstellung von Dioden und Transistoren eingesetzt werden könnte. Um den gewünschten Reinheitsgrad zu erreichen, müssen physikalische Reinigungsverfahren eingesetzt werden. Ein solches ist die Segregation (= Absonderung, Trennung), die sich den Umstand zunutze macht, daß sich Verunreinigungen eher in flüssigem als in festem Zustand konzentrieren. Man gibt einen Germaniumbarren in eine längliche Schale und schmilzt eine Germaniumzone durch Induktionserhitzung innerhalb einer Induktionsschlinge; man vergleiche Bild Seite 41. Indem man die Schlinge langsam von einem Ende der Schale zum anderen versetzt und diese Verschiebung mehrmals wiederholt, konzentrieren sich die Verunreinigungen an den Enden des Barrens. Schneidet man die Enden ab, so erhält man einen äußerst reinen Barren, der weniger als ein Verunreinigungsatom auf eine Milliarde Germaniumatome enthält.

Silizium

Silizium ist viel schwieriger als Germanium zu läutern. Die Gründe dafür liegen in seiner höheren Schmelztemperatur und seiner starken chemischen Wirksamkeit.
Silizium findet sich in großen Mengen in natürlichen Vorkommen, nämlich in Form von Siliziumoxyd, das uns als Kieselerde geläufig ist. Das Silizium reduziert man in einem Lichtbogen, den Kohleelektroden erzeugen. Man kann es so in einer Reinheit gewinnen, die nach chemischer Behandlung bei 99,8 % liegen kann. Für die Transistorenherstellung reicht dieser Wert jedoch nicht aus. Die physikalische Segregationsmethode läßt sich aber

Hochleistungsgenerator

Verschiebung

Induktionsschlinge   **Germaniumbehälter**

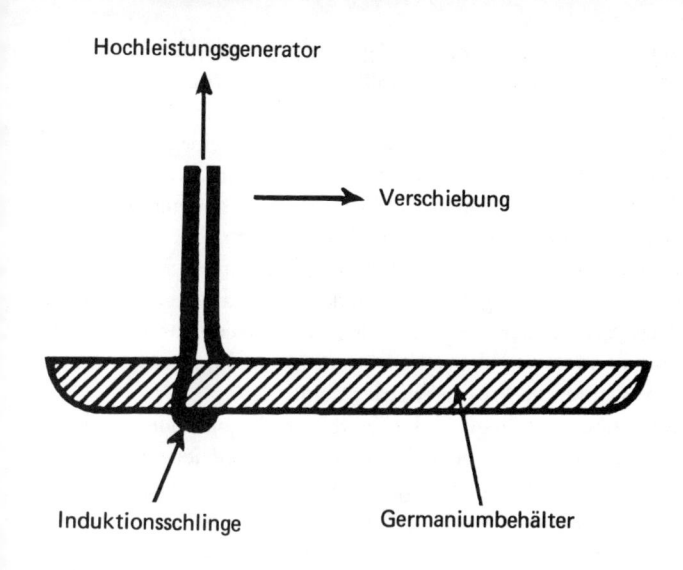

Germanium wird mit physikalischen Verfahren chemisch geläutert, um den gewünschten Grad der Reinheit zu erreichen.

leider nicht anwenden, da sie für mehrere Verunreinigungen, die bei Silizium auftreten – insbesondere durch Bor – ungeeignet ist. Eine häufig angewandte Methode besteht darin, das gewonnene Silizium in Siliziumtetrachlorid umzuwandeln, das man gut durch fraktionierte Destillation reinigen kann. Reduziert man dieses Produkt dann durch Wasserstoff, so erhält man ein sehr reines Silizium, das etwa mit einem Fremdatom bei einer Milliarde von Siliziumatomen verunreinigt ist.

Wie ein Kristall gezogen wird

In vielen Herstellungsverfahren muß man über monokristalline Germanium- oder Siliziumplättchen verfügen können. Diese Plättchen schneidet man aus einem kristallinischen Barren heraus, der wie folgt hergestellt wird:

Man bereitet ein gereinigtes Germanium- oder Siliziumbad mit Schmelztemperaturen von 950° C beim Germanium und von 1420° C beim Silizium vor. Je nach Bedarf gibt man ihm sorgfältig dotierte n- oder p-Mengen zu und führt einen Germanium- oder Silizium-Monokristallkeim ein, der an einer Stange befestigt ist. Diese Stange rotiert und wird zunehmend in eine Bewegung versetzt, wie im Bild Seite 43 zu sehen ist. Hat der Keim das Bad berührt, so entwickelt sich entsprechend der Verschiebung der Stange nach und nach ein Kristall daraus. Auf diese Weise erhält man Monokristalle, die mehrere hundert Gramm wiegen und von denen jeder zur Herstellung vieler tausend Transistoren verarbeitet werden kann.

Alle diese Vorgänge finden in reinem Argon- oder Stickstoff-Milieu oder in Wasserstoff-Milieu statt, damit jede und auch die geringste Oxydation des Halbleiters vermieden wird. Das erfordert besondere Vorsichtsmaßnahmen, wenn man eine Struktur erhalten will, die völlig frei von Störstellen ist.

Epitaxiale »Züchtung«

Obwohl dieses Verfahren nicht neu ist – seine ersten Patente stammen aus dem Jahre 1954 –, wurde es erst ab 1959 praktisch angewandt. Es besteht im wesentlichen darin, eine dünne, monokristalline Halbleiterschicht auf ein monokristallines Substrat des gleichen Halbleiters von schwachem Widerstand (also stark dotiert) zu geben und durch chemische Reaktionen im gasförmigen Aggregatzustand »wachsen« zu lassen. Die dotierten Verunreinigungen sind dabei ebenfalls der gasförmigen Atmosphäre beigegeben. Beispielsweise erhält man durch Reduktion des Siliziumtetrachlorids bei 1200° C die Ablagerung der epitaxialen Siliziumschicht auf einem Siliziumplättchen: Die chemische Reaktion ruft den Niederschlag einer Schicht hervor, deren Stärke und Widerstandsfähigkeit leicht kontrolliert werden können. Die mechanischen Eigenschaften sind ausgezeichnet und die Oberflächen bemerkenswert poliert.

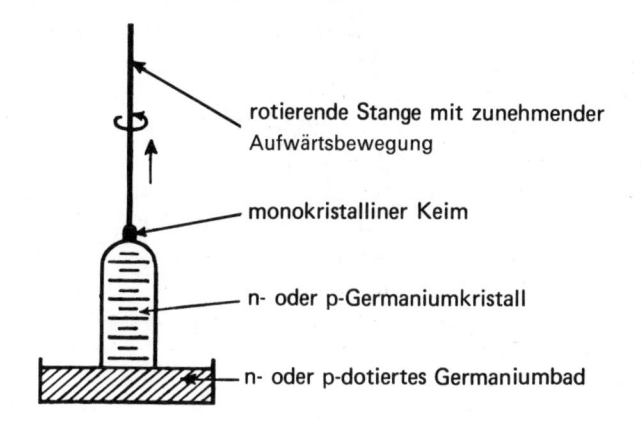

Die Herstellung eines Germanium-Monokristalls.

Das Legierungsverfahren

Man legt beidseits eines dünnen, p-dotierten, monokristallinen Germaniumplättchens von etwa 100 bis 250 μm je ein Plättchen aus Indium. Bei einem Niederfrequenztransistor mit geringer Leistung haben diese Plättchen einen Durchmesser von etwa 0,4–0,8 mm für den Emitter und von etwa 1–1,5 mm für den Kollektor.

Man gibt das Ganze in einen Ofen, dessen Temperatur zum Schmelzen der Indiumplättchen ausreicht; also von etwa 155° C. Das geschmolzene Indium löst langsam das Germanium auf. Nach gegebener Zeit kühlt man das Ganze ab. Das Germanium rekristallisiert sich aus der Indiumlösung und bildet, wie im Bild Seite 44 zu sehen, eine p-Schicht beidseits des Plättchens. Danach schweißt man die drei Ausgangselektroden auf das Plättchen und auf die beiden Indiumtropfen. Die Fläche des Basis-Emitter-Übergangs ist kleiner als die des Basis-Kollektor-Übergangs, damit alle Löcher vom Kollektor aufgenommen werden können, die vom Emitter in die Basis gelangen.

Nach sorgfältigen chemischen Reinigungen des Plättchens wird der Transistor in ein gasdichtes Gehäuse gelegt, wobei der

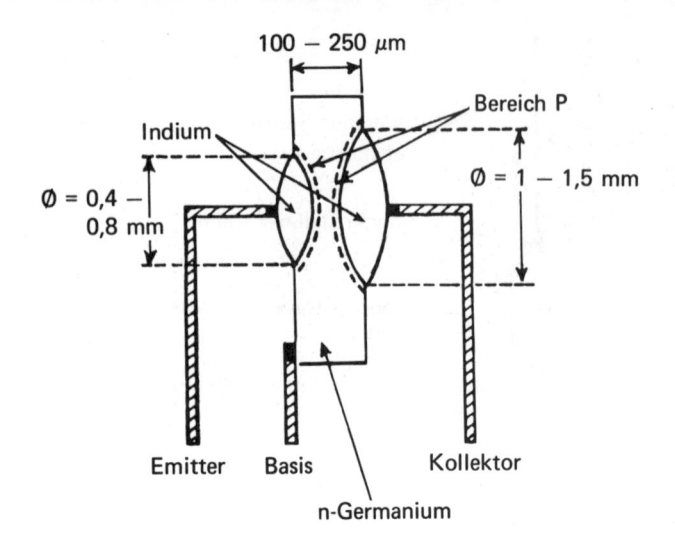

Herstellungsschema für einen Transistor, der durch Legieren gewonnen wird.

Durchgang der Elektroden durch den Sockel dieses Gehäuses in Glasperlen gebettet wird. Die Abdichtung ist wichtig, weil die elektrischen Eigenschaften des Transistors empfindlich von Oberflächenverunreinigungen oder schon von den geringsten Wasserdampfspuren beeinflußt werden.

Man stellt heute die meisten Nieder- und Mittelfrequenztransistoren und ebenso die meisten Leistungstransistoren nach diesem Verfahren her.

Diese Technik hat folgende Vorteile:
- Leichte Herstellung in großer Serie.
- Gute Abgabe der Wärme, die nach außen geleitet werden kann, und zwar entweder indem man das Germaniumplättchen an das Metallgehäuse oder den Kollektor auf das Gehäuse auflötet.

Dagegen hat sie folgende Nachteile:
- Sie kann nicht zur Herstellung von Ultrahochfrequenz-Transistoren dienen, weil es unter anderem nicht möglich ist, die Dicke der Basis zuverlässig anzulegen.

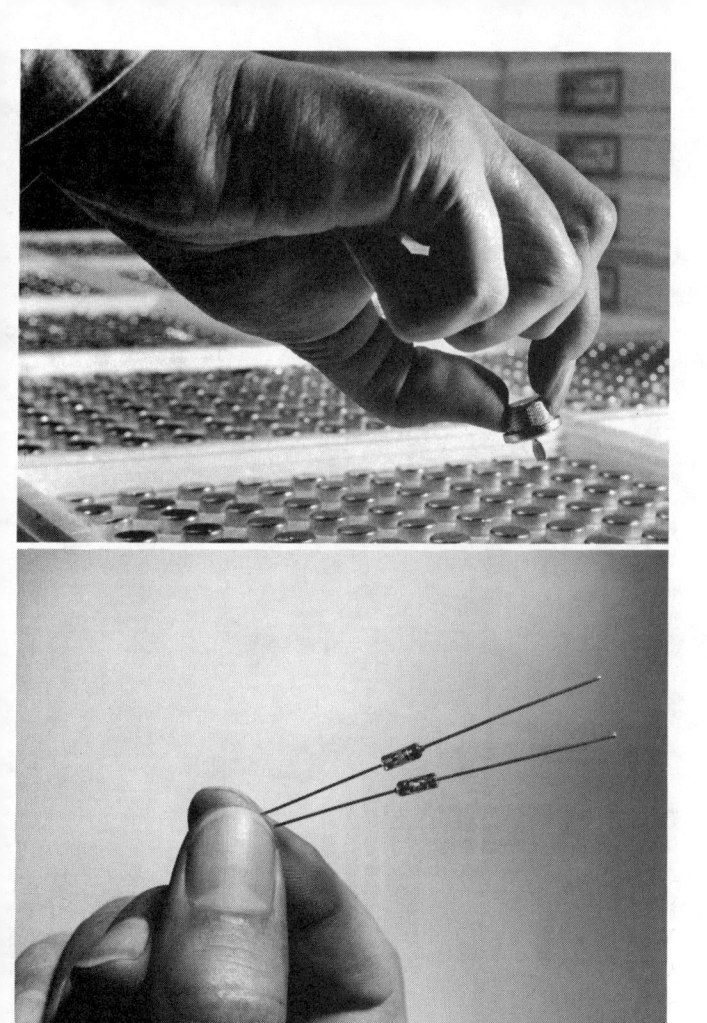

*Die Silizium-Kapazitätsdiode (unten) wird zur Abstimmung
in UKW-Tunern verwendet. Die Silizium-Gleichrichtersätze mit
Einpreßdioden (darüber) findet man überall in Stromrichter-
schaltungen der Drehstromgeneratoren, der Kraftfahrzeuge usw.
Eine neuere Entwicklung stellen Dioden mit Kühlblock dar,
die in Baukastensystemen (nächste Seite) produziert werden und
hohe Leistungsdichten ermöglichen.*

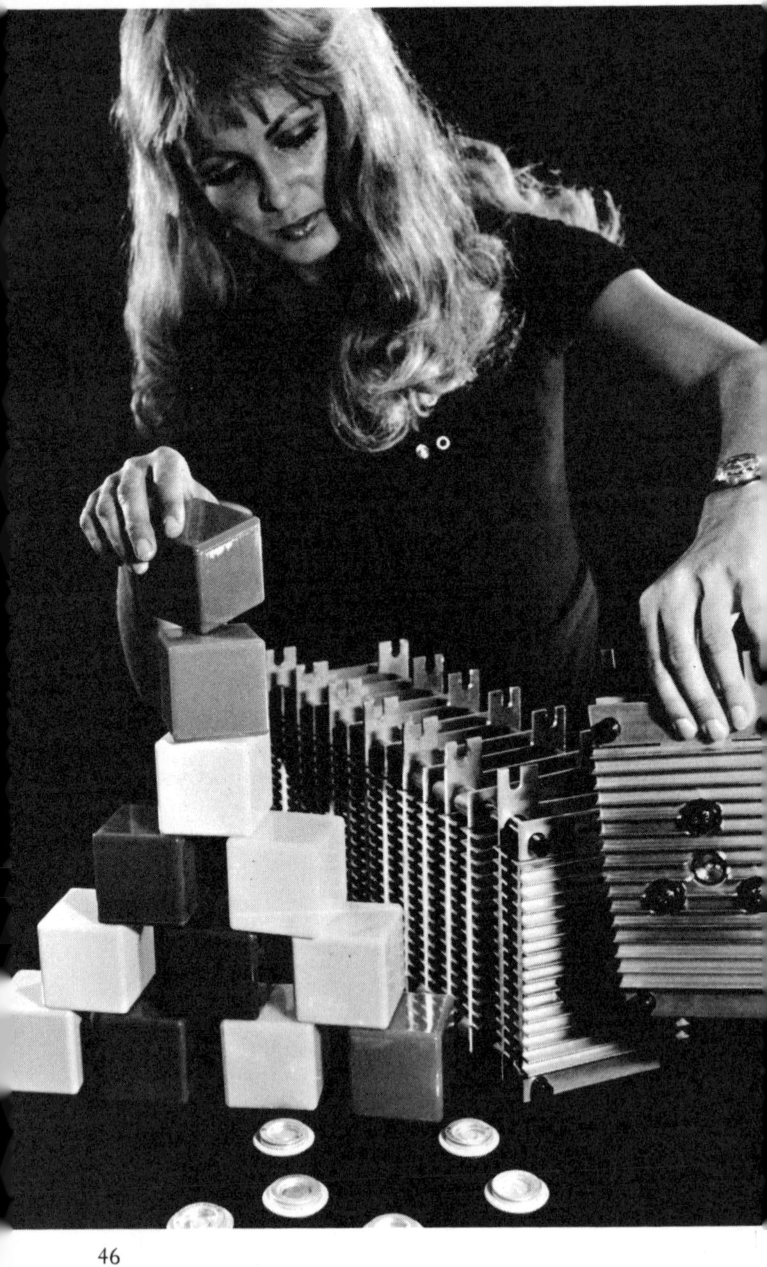

– Der Produktionsausstoß ist nicht sonderlich einheitlich und erfordert zahlreiche Sortierungen, um Transistoren mit annehmbaren elektrischen Eigenschaften zu erhalten.

Herstellung durch Ziehen

Im Bild auf Seite 48 ist ein npn-Transistor zu sehen, der gezogen wurde und in einem dichten Gehäuse montiert ist. Der Barren, der die beiden Übergänge enthält, wurde als Kristall gezogen, wie wir es bereits kennenlernten.
Zunächst wird in neutraler Umgebung ein Kristall vom n-Typ gezogen. Wenn dieser eine gewisse Länge erreicht hat, werden genau dosierte Mengen von dreiwertigem Indium beigegeben, um eine p-Schicht zu erhalten. Anschließend wird – während das Ziehen fortgesetzt wird – fünfwertiges Arsen in genügender Menge in das Bad gegeben, um erneut eine n-Schicht aufzubauen. Auf diese Weise erhält man einen Kristall mit npn-Struktur in der Mitte (Bild auf Seite 49), da die überwiegende Verunreinigung jeweils den Typ der dotierten Schicht bestimmt. Im npn-Bereich werden etwa hundert Stäbchen ausgeschnitten, deren Achse senkrecht zu den Übergängen steht. Es bleibt nur noch, die Emitter-, Basis- und Kollektor-Anschlüsse zu löten. Die richtige Lage des Basiskontakts wird mit Hilfe eines geeigneten Instruments gesucht. Auf den gefundenen Punkt wird ein Golddraht geschoben. Dieser wird durch eine elektrische Entladung im Draht selbst auf die p-Schicht gelötet. Um einen Kurzschluß zwischen Emitter und Kollektor durch das Löten zu vermeiden, wird der Golddraht mit p-Verunreinigungen dotiert (Bild Seite 50). Zum Schluß wird der Transistor um die Basisschicht herum elektrolytisch gereinigt, bevor man ihn einkapselt.
Obwohl dieses Verfahren eine größere Vielfalt verschiedener Dotierungen und präzisere Basisstärken als die Legierungsmethode ermöglicht, kann es wegen der technologischen Schwierigkeiten, Basisstärken von einigen Mikron zu erzeugen, weder bei einer Großserienproduktion noch bei der Herstellung von Ultrahochfrequenztransistoren eingesetzt werden.

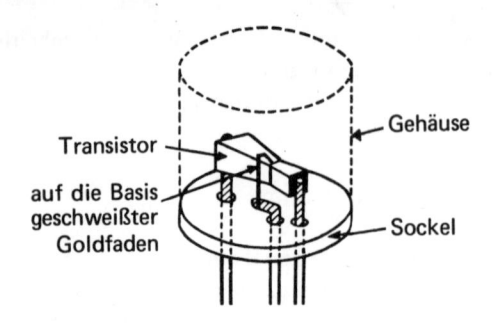

Ein Transistor, der durch Ziehen hergestellt und auf seinem Träger montiert wird.

Das Diffusionsverfahren

Dieses Verfahren kam im Jahre 1959 auf, und obwohl seine Durchführung schwierig ist, spielt es heute wegen seiner großen Vorteile eine Hauptrolle.
Die Diffusion von Verunreinigungen, d. h. von Fremdatomen in einem Stoff im festen Aggregatzustand ist nur in der Nähe der Schmelztemperatur dieses festen Stoffes möglich. Wenn man Temperatur und Diffusionszeit kontrolliert, kann man in einen Kristall Zonen »eindampfen«, deren Dicke mit einer Präzision von 1 Mikron verunreinigungsdotiert ist.
Diffusions-Transistoren – auch Drift-Transistoren genannt – werden hergestellt, indem man auf einem monokristallinen p-Germanium-Plättchen n-Verunreinigungen bis zu einer Tiefe von 1 bis 2 μm diffundiert. Die Eindampfung oder Diffusion findet entweder in einer Quarzröhre statt, in die das Germaniumplättchen mit der zu diffundierenden Verunreinigung gegeben wird, oder indem man das Plättchen bei geeigneter Temperatur einem Neutralgasstrom aussetzt, der die Verunreinigung transportiert (Bild auf Seite 51).
Durch Metallisierung im Vakuum wird auf die soeben erhaltene n-Schicht eine 150 μm × 25 μm × 0,1 μm große Aluminiumlamelle (p-Verunreinigung) gelegt, die im Ofen durchläuft und einen Legierungsübergang ergibt, der den Transistor-Emitter

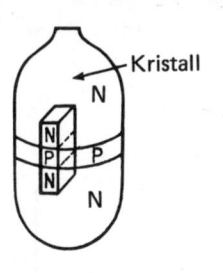

Durch Ziehen werden Kristalle mit zwei Übergängen geschaffen.

bildet (Bild Seite 52). Auf die gleiche Weise legt man in etwa 15 μm Entfernung eine zweite Antimon-Gold-Lamelle (n-Verunreinigung), die die Lötstelle im n-Bereich des Plättchens bildet. Die Basiselektrode stammt aus dieser Lamelle. Jedes Plättchen wird auf einen Sockel montiert und dann chemisch gereinigt, wodurch ein Tafelberg von 200 μm × 200 μm abgegrenzt wird, um die Übergangsfläche des Kollektors zu reduzieren. Dieser Tafelberg wird oft »Mesa« (span. = »Tisch«) genannt; nach ihm spricht man auch von Mesa-Transistoren. Wegen ihrer geringen Abmessungen und ihrer Empfindlichkeit verlangen die Schaltungslötstellen auf beiden Lamellen eine besondere Technologie. Im allgemeinen wird unter einfachem Druck bei einer Temperatur von etwa 200° C (Thermokompression) gelötet.

Das Auflegen der Aluminium- und Goldlamellen durch Metallisierung unter Vakuum geschieht gleichzeitig in Serien. Man benutzt dazu ein Gitter, das mit Nischen versehen ist, sowie zwei Verunreinigungsquellen (Bild auf S. 53 oben). Somit erhält man eine Art Folie, die in Ausschnitten zahlreiche Transistoren liefern wird.

Durch Diffusion stellt man auch Siliziumtransistoren her, jedoch ist bei diesem Herstellungsverfahren folgende Eigentümlichkeit zu beachten: Das Siliziumoxyd (Kieselerde) verhält sich bei bestimmten Verunreinigungen wie ein Selektivschirm: Das Gallium etwa kann in die Kieselerde diffundieren, während das der Phosphor nicht kann. Man geht von einem Siliziumplättchen mit einer Oxydschicht an der Oberfläche aus und nimmt eine erste Diffusion mit Gallium-Verunreinigungen vor, um eine p-Schicht zu schaffen.

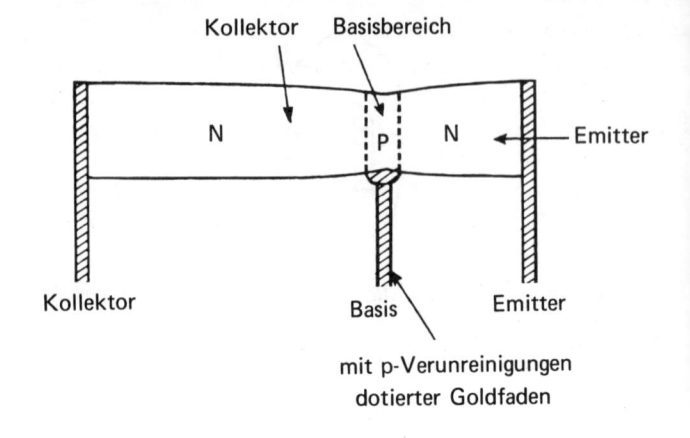

Ein npn-Transistor, der im Zieh-Verfahren entsteht.

Mit Hilfe photographischer Methoden kann man auf kleinen Flächen die Oxydschicht entfernen. Diese Flächen bilden die Emitter.
Durch eine zweite, weniger tiefe Diffusion mit Phosphor-Verunreinigung erhält man n-Schichten, und zwar ausschließlich an den Emitterstellen (Bild auf Seite 53 unten).
Nach Entfernung jeder Spur von Siliziumoxyd an der Oberfläche führt man die Emitter und die Basis durch Metallisierung aus und bringt die Kontakte durch Thermokompression an. Das Diffusionsverfahren bietet folgende Vorteile:
- Ausführung äußerst präziser Strukturen, die die Produktion von Ultrahochfrequenztransistoren mit einer Basisdecke von einigen Mikrometern ermöglichen, ferner von Leistungstransistoren mit den erforderlichen breiten, einheitlichen und parallelen Übergängen.
- Die Möglichkeit einer Fabrikation in Großserien.
- Ausführung komplexer Strukturen für Mehrzwecktransistoren oder integrierte Elemente.

Im Jahre 1960 entwickelte man ein neues Herstellungsverfahren für Siliziumtransistoren, das bessere Möglichkeiten bot, die Leistungen zu steigern und kritische Kristalloberflächen zu schützen:

das Planar-Verfahren. Wie beim Mesa-Transistor wird eine doppelte Diffusion auf einem Siliziumplättchen ausgeführt, jedoch diffundiert die Basisschicht durch eine Siliziumoxyd-Schutzhaut; beim fertigen Transistor sind alle an der Oberfläche befindlichen Übergangsteile mit Siliziumoxyd überzogen (Bild S. 54 oben). Die Hauptphasen der Herstellung sind folgende: Zunächst wird das n-Siliziumplättchen oxydiert, dann wird das Oxyd durch photolithographische Verfahren von einer kreisförmigen Fläche entfernt, die nun die Basisschicht abgrenzt. Nach einer p-Verunreinigungsdiffusion wird die Fläche abermals oxydiert und das Oxyd von einer kleineren als der vorigen und in deren Mitte befindlichen kreisförmigen Fläche entfernt, in die n-Verunreinigungen eindiffundiert werden, um den Emitter zu bekommen. Wiederum wird die Fläche oxydiert und das Oxyd an Stellen entfernt, wo die Basis- und Emitter-Metallkontakte durch Verdunstung und Legierung entstehen. Selbstverständlich kann man Hunderte von Transistoren aus der gleichen Folie herstellen. Der Verlauf (Ausschneiden, Montage usw.) ist der gleiche wie bei den Mesa-Transistoren. Bei den Transistoren, die nach diesem Verfahren hergestellt sind, ist der Sperrstrom sehr gering und die Stromverstärkung selbst bei geringen Kollektorströmen (10 μA) bedeutend. Alles dies vergrößert die Stabilität und verbessert die (dank der schützenden Oxydhaut) Materialkonsistenz, die den einfachen Mesa-Transistoren überlegen sind.

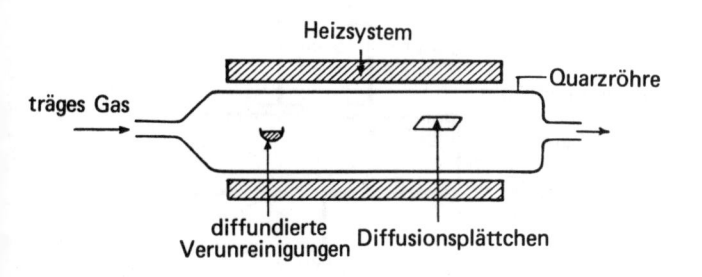

Schema eines Diffusions-Ofens.

Man kann Mesa- und Planartransistoren auf der Basis einer epitaxialen Schicht herstellen. Man spricht dann von einem Epitaxial-Mesa- oder -Planar-Transistor. Gerade auf den letztgenannten Typ setzt man große Hoffnungen. Mit dieser Technik erreicht man eine Verringerung der Sättigungsspannung, eine Verbesserung der Arbeitsweise bei hohen Strömen und eine Erhöhung der Schaltgeschwindigkeit.

Da der Halbleiter-Halbleiter-Übergang hervorragende Eigenschaften besitzt, wurden die entsprechenden Herstellungstechniken verbessert. Man erzielte mit weniger tiefen Legierungen der thermisch ausgelösten Indiumniederschläge die p-Schichten des Emitters und des Kollektors.

Herstellung durch Elektrolyse

Bei diesem Verfahren werden Metall-Halbleiter-Übergänge geschaffen, deren Eigenschaften denjenigen der Halbleiter-Halbleiter-Übergänge ähnlich sind. Ein n-Halbleiterplättchen wird von beiden Seiten mit dem äußerst feinen Strahl eines Indiumsalz-Elektrolyts besprüht (Bild Seite 54 unten). Man legt dann eine Gleichspannung an den Halbleiterkristall und an die Elektroden der elektrochemischen Einrichtung. Das Halbleiterplättchen wird nun an den Stellen, an denen es mit dem Elektrolyt besprüht wird, angegriffen. Mit Hilfe infraroter Strahlen wird

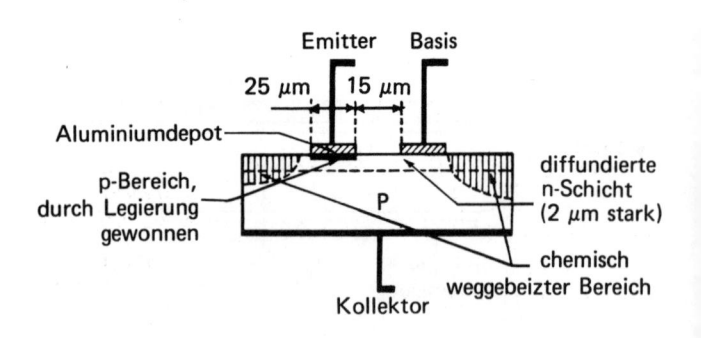

Struktur eines Transistors, der durch Diffusion hergestellt wird.

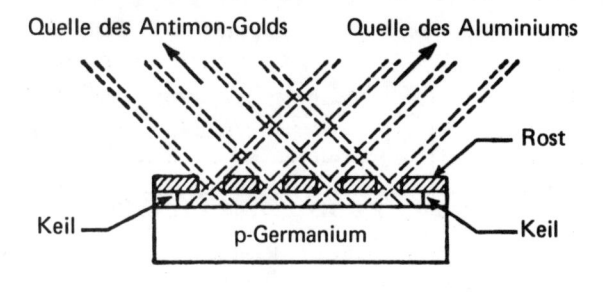

Die Metallisierung des Emitters und der Basis.

die Stärke des Materials sehr genau kontrolliert. Wenn die gewünschte Stärke erreicht ist, wird die Gleichspannungsquelle umgepolt. Das Indium setzt sich nun auf dem Halbleiterkristall ab: es wird ein Metallhalbleiterübergang hergestellt. Schließlich werden Anschlußdrähte an die Metallkontakte gelötet.

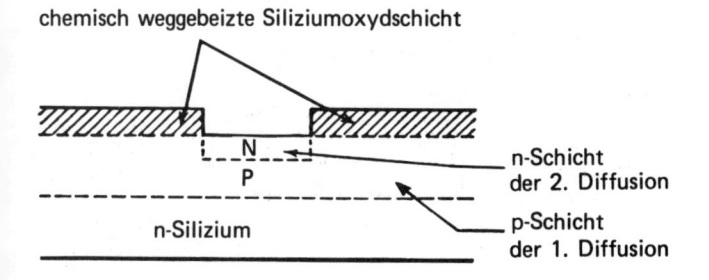

Herstellung eines Silizium-Transistors durch doppelte Diffusion.

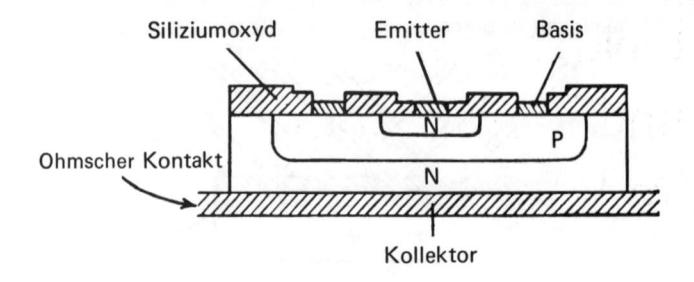

Querschnitt durch einen Mesa-Transistor, der im Planar-Verfahren hergestellt wird.

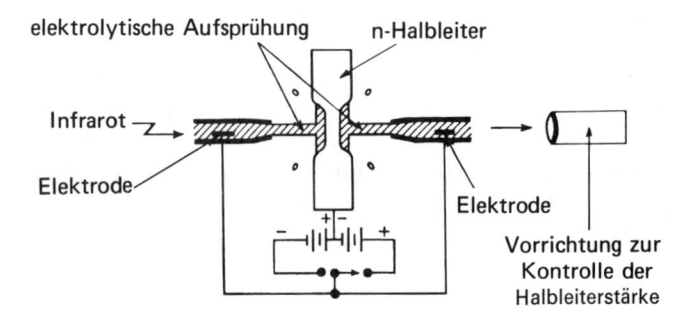

Herstellung eines Transistors durch elektrolytische Verfahren.

Elektronenröhren und Transistoren im Vergleich

Der Einfluß, den der Transistor innerhalb eines Jahrzehntes auf die elektronische Industrie gewann, war außergewöhnlich. Viele Ingenieure dachten, daß die Elektronenröhre verdrängt würde. Tatsächlich aber ergänzen sich Röhren und Transistoren auf vielen Gebieten, so wie sie sich Konkurrenz auf manchen anderen machen. Man darf übrigens die ungeheuren Fortschritte nicht unterschätzen, die in den letzten Jahren in der Technik der Elektronenröhren gemacht wurden: Wandlerfeld-Röhren, Dezitrioden, Magnetrone, Bild- und Oszillographen-Röhren, Zähl- und Zifferanzeige-Röhren, Keramikröhren, Mehrzweckröhren usw.

In diesem Kapitel werden Materialeigenschaften, Temperaturbereich, Leistung, Frequenz sowie Vor- und Nachteile dieser beiden Elemente unter verschiedenen Gesichtspunkten erläutert.

Materialvergleich

Je komplexer die Elektronik wird und je strenger die Arbeitsbedingungen im Handels- und Militärwesen werden, schrauben sich auch die Forderungen nach Funktionssicherheit der elektronischen Bauelemente höher.

Den Untersuchungen der Materialprüfung, d. h. des Zuverlässigkeitsgrades eines Materials, wird wachsende Bedeutung beigemessen. Die Röhren haben, was ihre Lebensdauer betrifft, oft einen zweifelhaften Ruf. Andererseits mußte man nach einer allzu optimistischen Periode, in der es hieß, die Lebensdauer der Transistoren sei unbegrenzt, einsehen, daß dies nicht ganz zutraf und daß auch hier gewisse Vorbehalte gemacht werden müssen.

Die Untersuchung der Materialzuverlässigkeit ist sehr schwierig, denn sie hängt von zahlreichen Bedingungen ab. Es ist klar, daß die Lebensdauer eines Elements je nach den elektrischen, klimatischen und mechanischen Einflüssen variiert, denen es ausgesetzt ist, und daß Vergleiche zwischen zwei physikalisch so unterschiedlichen Gebilden wie Röhre und Transistor ohne absolute Bedeutung sind. Nehmen wir zum Beispiel zwei elektronische Ausrüstungen, die eine mit Röhre und die andere mit Transistor, die genauestens die gleichen Merkmale besitzen. Man kann einen Vergleich bezüglich des Zuverlässigkeitsgrades dieser Ausrüstung aufstellen. Es genügt jedoch, die umgebende Außentemperatur auf die zulässige maximale Temperatur zu erhöhen, um den Zuverlässigkeitsgrad des Transistormaterials herabzusetzen, obwohl es bis dahin zuverlässiger war als das Röhrenmaterial. Umgekehrt kann das Röhrenmaterial durch Vibrationen und Beschleunigungen seine Vorteile verlieren.

Die Qualität eines Elements drückt man häufig durch die »wahrscheinliche Zahl seiner Fehler pro Stunde« aus. Bei einer Fehlerwahrscheinlichkeit von $8 \cdot 10^{-6}$/h kann man zum Beispiel errechnen, daß bei einem Apparat, der 1000 Elemente enthält, 64 Elemente im Durchschnitt für einen Jahresdauerbetrieb (8000 Stunden) ersetzt werden müssen.

Aus den Ergebnissen, die darüber veröffentlicht wurden, geht hervor, daß die Fehlerwahrscheinlichkeit eines Transistors pro Stunde niedriger ist als die einer Röhre: 10^{-7}–10^{-8} für die Transistoren (je nachdem sie zur Verstärkung oder als Schaltung eingesetzt werden) und $2 \cdot 10^{-6}$ für die Röhren.

Man arbeitet intensiv daran, die Lebensdauer der Transistoren zu verbessern.

Temperaturverhalten

In Temperaturbereichen, die dem Menschen erträglich sind, gibt es keine Probleme für die Röhren oder für die Transistoren. Bei höheren Temperaturen jedoch vermag heute der Transistor nur schwer mit der Röhre zu konkurrieren. Bis zu Temperaturen von etwa 200° C bleiben die elektrischen Eigenschaften der Röhren praktisch unverändert. Die neuen Keramikröhren funktionieren

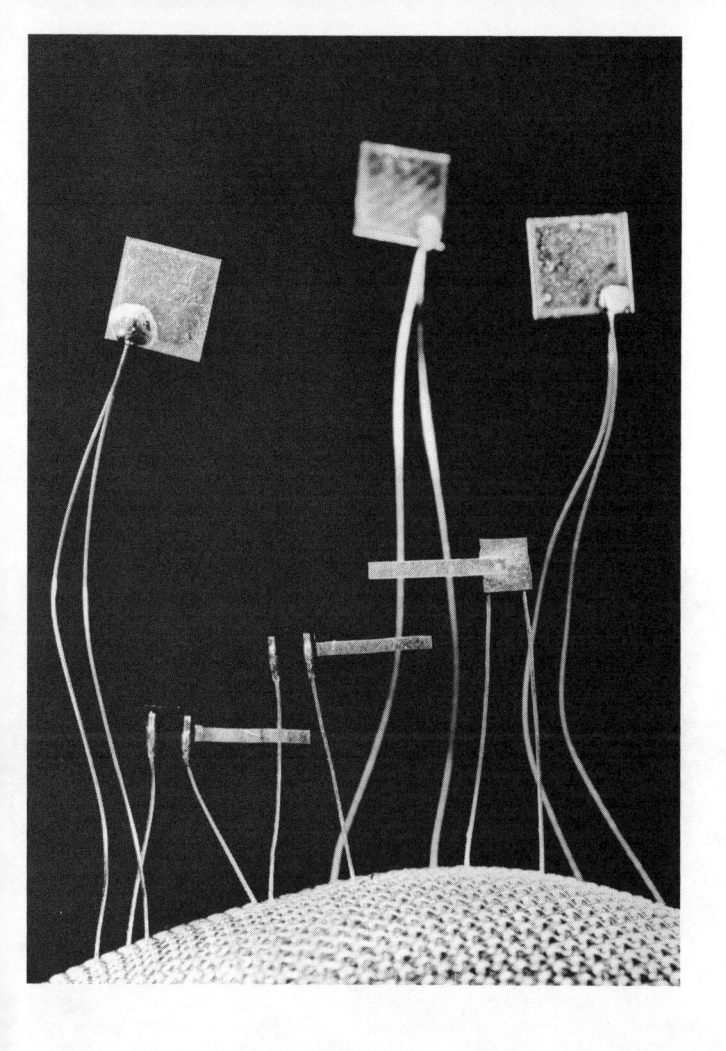

Silizium-Fotodioden in Planartechnik werden in immer besseren Ausführungen für die Meß-, Steuerungs- und Regelungstechnik verlangt. Sie arbeiten ohne Gehäuse und lassen sich unter geringstem Raumbedarf auch an schwer zugänglichen Stellen ankleben. Man setzt die im Bild gezeigten Körper für quantitative Lichtmessungen, Nachlaufsteuerungen, Kantenführung, Weg- oder Winkelabtastungen und vieles andere ein.

Die einzelnen Plättchen mit den gleichartigen Mustern sind nur einen Millimeter lang: Es sind Gebilde aus Siliziumkristall, wie sie zur Herstellung von integrierten Halbleiterschaltungen in der Radio- und Fernsehtechnik verwendet werden. Die »Labyrinthgänge« auf den Kristallplättchen erfüllen die Funktion von 28 Bauelementen herkömmlicher Technik: Transistoren, Dioden und Widerständen.

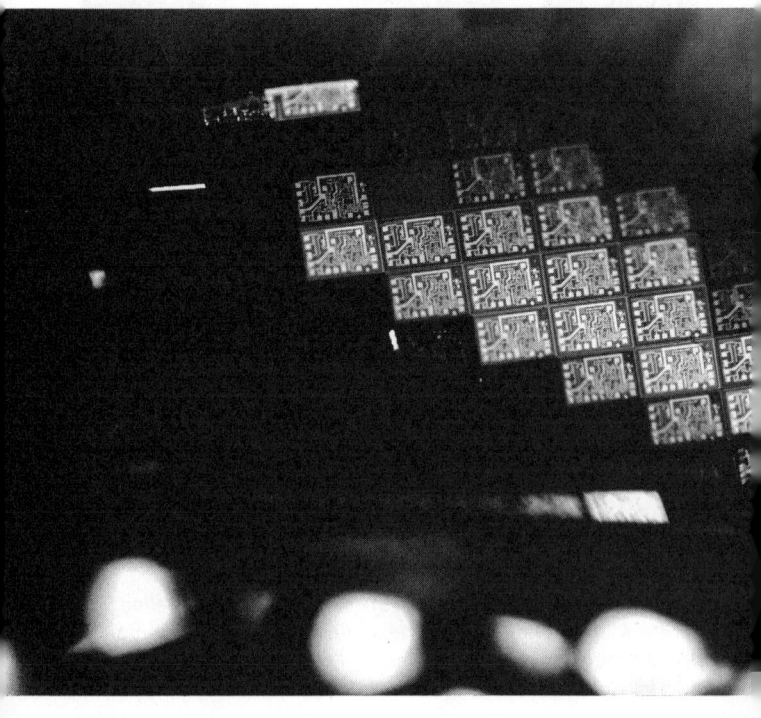

noch bei 400° C. Die Verwendungsgrenzen des Transistors sind wesentlich niedriger. Die Temperatur eines Halbleiterkristalls kann einen bestimmten Wert nicht ohne Verlust der Verstärkungseigenschaften überschreiten: Diese Werte betragen 85 bis 100° C für das Germanium und 150–200° C für das Silizium, und das entspricht im Durchschnitt Umgebungstemperaturen von 60–70° C für das Germanium und 125–150° C für das Silizium. Die Temperatur übt außerdem noch zwei nachteilige Wirkungen auf die Transistoren aus:

a) Bei Temperaturänderungen treten starke Veränderungen der elektrischen Eigenschaften auf, und das bedeutet durch zusätzliche Korrektur- und Ausgleichsvorrichtungen erheblich kompliziertere Bauweisen.

b) Erhöhte Temperaturen beschleunigen das Altern stark. Man schätzt, daß die wahrscheinliche Fehlerzahl eines Germaniumtransistors pro Stunde 100mal größer wird, wenn sich die Kristalltemperatur von 25° C auf 85° C erhöht.

Auf Grund dieser Begrenzungen sind neue Halbleiterelemente in Arbeit, die höhere Anwendungstemperaturen zulassen.

Es scheint, daß die binären Verbindungen – Stoffe, die in gleicher Menge aus dreiwertigen und fünfwertigen Elementen wie Arsen-Gallium- oder Indium-Antimon-Legierung bestehen, große Möglichkeiten bieten.

Leistungsvergleich

Wenn man Röhren und Transistoren hinsichtlich ihrer Leistung vergleicht, so stellt man folgendes fest:

– Der Transistor ist ein Element, das bei hohen Stromstärken (bis 20 A) und mit verhältnismäßig niedrigen Spannungen (unter 100 V) arbeiten kann. Seine Leistung ist ausgezeichnet. Leider ist der Transistor empfindlich gegen vorübergehende Überspannungen, die zu seiner raschen Zerstörung führen können.

– Die Röhre dagegen ist niedrigen Stromstärken und höheren Spannungen besser angepaßt. Ihre Leistung ist wesentlich niedriger als die des Transistors, aber sie ist kaum empfindlich gegen zu hohe Spannungen.

Weitere bemerkenswerte Eigenschaften: Ein Transistor benötigt keine Heizvorrichtung wie die Röhre und beginnt sofort zu arbeiten, sobald die Betriebsspannung zugeführt ist. Auch die Kühlungsprobleme sind leichter zu lösen. Außerdem hat der Transistor den Vorteil, mit niedrigen Betriebsspannungen zu arbeiten, was bei Fernmeldeanlagen, transportablen Geräten (Rundfunkempfängern, Hörgeräten) und allen Satelliten- und ferngesteuerten Geräten von großem Interesse ist.

Frequenzverhalten

Es sind die gleichen Faktoren, die die Hochfrequenzmöglichkeiten einer Röhre und eines Transistors begrenzen. Bei einer Elektronenröhre ist es in der Hauptsache die Durchgangszeit der Elektronen zwischen Kathode und Gitter. Bei einem Transistor ist es die Durchgangszeit der Elektronen in der Basis (bei einem npn-Transistor). Im ersten Falle jedoch haben die Elektronen eine hohe Geschwindigkeit, da sie im Vakuum der Wirkung eines elektrischen Feldes unterworfen sind. Im zweiten Falle haben sie geringere Geschwindigkeit, weil sie das Ergebnis einer Diffusionsbewegung sind. Man bemüht sich daher, in beiden Fällen die Dimensionen so weit wie möglich zu verringern. Sie müssen beim Transistor mit identischer Leistung aber erheblich kleiner sein. Die Dimensionen eines Hochfrequenztransistors, der bis 200 MHz benutzt werden kann, sind etwa zwanzigmal kleiner als die einer Röhre, die bei 2000 MHz funktioniert.

Theoretisch bietet die klassische Struktur des Transistors keine Lösung für die Hyperfrequenzprobleme (über 2000 MHz). Bei sehr hohen Frequenzen legt die Lösung vielleicht in neuen Bauelementen (Feldplatten, Kapazitätsdioden in parametrischen Verstärkern, Anwendung des Gunn-Effekts u. a.). Den Frequenz-Leistungs-Bereich findet man im Bild auf Seite 61 dargestellt, das die Möglichkeiten der Transistoren (durchgezogene Kurve) und der Röhren (gestrichelte Linien) angibt. Es geht deutlich hervor, daß der Transistor bei hohen Hochfrequenzleistungen mit der Röhre konkurrieren kann, was zum Beispiel bei den Emitterendstufen der Fall ist.

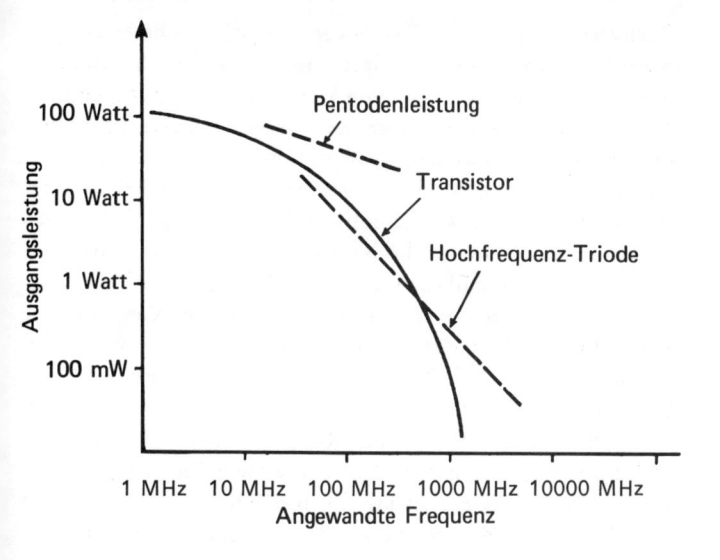

Vergleich der Leistungs- und Frequenz-Eigenschaften von Röhren und Transistoren.

Vergleich äußerer Einflüsse

Unter »Äußeren Einflüssen« verstehen wir die Wirkung der mechanischen Erschütterungen und der Nuklearstrahlungen auf Röhren und Transistoren.

Ihrem Gewicht in der Größenordnung von Grammen, ihrem kleinen Volumen und ihrer kompakten Struktur zufolge zeigen sich die Transistoren widerstandsfähiger gegen Stöße, Schwingungen und andere mechanische Einwirkungen als die Röhren.

Bisher waren die Wirkungen der Atomstrahlungen auf die in der Nähe der Nuklearreaktoren aufgestellten elektronischen Anlagen unbedeutend. Durch die Entwicklung von beweglichen Reaktoren, wie sie zum Fahrantrieb von Schiffen oder sonstigen Maschinen vorgesehen sind, können Schutzvorrichtungen an Bedeutung gewinnen.

Zahlreiche Berichte zeigen, daß die Transistoren besonders empfindlich gegen starke Gammastrahlungen sind, die indessen die

Eigenschaften der Röhren keineswegs verändern. Die Feldeffekttransistoren scheinen viel weniger empfindlich gegen Strahlungen zu sein. Unter der Wirkung von langsamen und schnellen Neutronen bleibt die Lebensdauer der Röhren hundertmal, die der Keramikröhren tausendmal größer als bei den Transistoren.

Die Einwirkung von Strahlungen führt zu vorübergehenden oder dauerhaften Schäden der kristallinen Struktur; vor allem durch die Gammastrahlen und die Neutronen. Die Röhre ist dagegen viel weniger empfindlich. Im Bild unten findet man die Toleranzen der Röhren und der Transistoren im Vergleich zur menschlichen Toleranz für Atomstrahlen in Röntgen dargestellt. 1 Röntgen (1 r) ist die Maßeinheit für die Röntgen- und Gammastrahlung.

Daraus kann man schließen, daß Röhre und Transistor Elemente sind, die jeweils ihre guten Eigenschaften und Fehler haben. Das umfassende Gebiet der Elektronik bietet beiden in Gegenwart und Zukunft zahlreiche Verwendungsmöglichkeiten. Ob dem Transistor oder der Röhre der Vorzug gegeben wird, ist in erster Linie eine Frage der Anwendungsgebiete und der Erfordernisse.

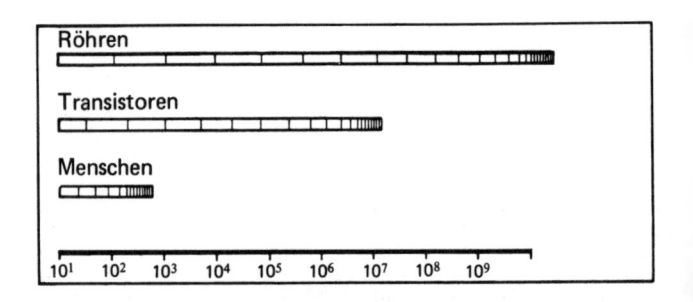

*Vergleich der Nuklearstrahlen-Toleranz in Röntgen
(in integrierten Dosen der gleichen physikalischen Einheiten).*

Die Kenndaten eines Transistors

Die Anwendungsmöglichkeiten der Transistoren sind zahlreich. Man kann sie in zwei Hauptkategorien aufteilen, je nachdem ob der Transistor als Verstärkungs- oder als Schaltelement benützt wird. In beiden Fällen kommt es darauf an, die Daten zu kennen, die ihn charakterisieren und folglich sein Anwendungsgebiet bestimmen werden, wie zum Beispiel Verwendung im Frequenz- oder Leistungsbereich.

Die Polarisation

Dieses Wort mit seinen unzähligen Deutungen in der Physik oder der Chemie hat einen ganz bestimmten Sinn, wenn es im Zusammenhang mit dem Transistor oder einer Vakuumröhre angewandt wird. Man kann sagen, daß die Polarisation durch das Zusammenspiel der Gleichspannungen zwischen Basis, Emitter und Kollektor sowie den Gleichströmen, die in diesen Schichten fließen (Bild Seite 64), gekennzeichnet ist. Selbstverständlich sind diese Spannungen und diese Ströme nicht unabhängig voneinander. Man berücksichtigt meistens die Emitter-Basis-Spannung U_{EB} und die Kollektor-Emitter-Spannung U_{CE}. Dann ist die Kollektor-Basis-Spannung U_{CB} die algebraische Summe dieser beiden Spannungen: $U_{CB} = U_{CE} + U_{EB}$ (Bild links auf Seite 64). Bemerken wir jetzt schon, daß diese Spannungen bestimmte Grenzwerte nicht überschreiten dürfen, da der Transistor sonst beschädigt wird. (Diese Grenzwerte ändern sich mit dem Typ des Transistors, U_{CE} max. kann somit zwischen 15 V und über 100 V liegen.)

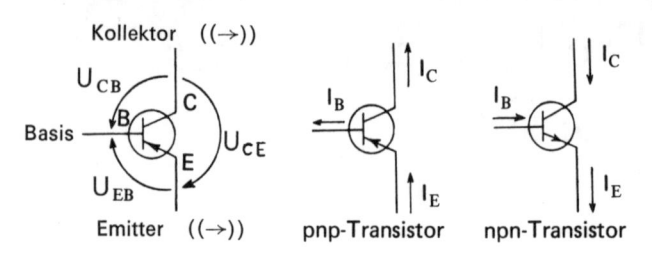

Spannungen und Gleichströme in einem Transistor. Daneben schematische Darstellung von Transistor-Typen. Der Pfeil im Transistor-Schaltzeichen stellt den Emitter dar und die angezeigte Richtung die Durchlaufrichtung des Emitterstroms.

Bei allen Anwendungen sind die Spannungen U_{CE} und U_{CB} positiv für die Transistoren pnp (negativ für die npn-Transistoren). Das bedeutet, daß der Emitter und die Basis ein positives Potential im Verhältnis zum Kollektor haben. Dagegen kann die Emitter-Basis-Spannung positiv oder negativ sein und die Gleichstromtransistor-Eigenschaften hängen zum großen Teil von ihr ab.

Nachfolgend werden wir von einem pnp-Transistor ausgehen. Untersuchen wir jetzt die Verhältnisse zwischen den Spannungen und den Strömen. Im Kapitel auf Seite 25 haben wir gesehen, daß die Ströme I_B, I_E, I_C, die in die drei Schichten fließen, durch $I_E = I_B + I_C$ (Bild Seite 64) verbunden sind, daß I_B gegenüber I_C unbedeutend ist und daß wir folglich $I_E = I_C$ erhalten. Der Quotient $\dfrac{I_C}{I_B}$ ist die Gleichstromverstärkung des Transistors.

Was geschieht nun, wenn bei einer Schaltung, wie im Bild Seite 65 gezeigt, die Emitter-Basis-Spannung U_{EB} geändert wird?:

a) Solange das Basispotential positiv im Verhältnis zum Emitter bleibt, ist die Emitter-Basis-Diode gesperrt, $I_B \simeq 0$ und der Strom I_C ist sehr schwach (einige μA beim Germanium und einige $1/1000$ μA beim Silizium). Man sagt dann, daß der Transistor gesperrt ist. Er zeigt einen sehr starken Widerstand (Größenordnung von mehreren Millionen Ohm) gegen den Stromfluß zwischen Emitter und Kollektor. Er ist unfähig zu verstärken.

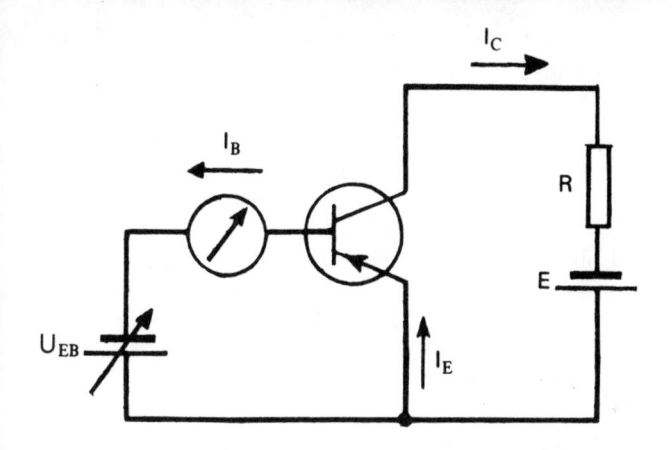

Stromverlauf im pnp-Transistor.

b) Wird nun das Basispotential negativ, so wird der Strom, der jetzt in der Basis fließt, um so größer, je negativer die Basis ist – und es fließt ein Strom I_C zwischen Emitter und Kollektor. Dieser Strom I_C ist praktisch gleich dem Produkt des Stromes I_B und der Gleichstromverstärkung. Er ist verhältnismäßig unabhängig von der Kollektor-Emitter-Spannung, wenn sie einen minimalen Wert überschreitet.

Wird der Strom I_B geringfügig verändert, dann treten diese Veränderungen multipliziert mit dem Verstärkungsfaktor des Transistors im Kollektorstrom I_C auf: Der Transistor wirkt als Verstärkungselement.

c) Wird das Potential der Basis noch negativer, so wächst der Strom I_B weiter, aber die Kollektor-Emitter-Spannung $U_{CE} = E - RI_C$ wird geringer und fällt bis zu einem äußerst niedrigen Wert ab, der Sättigungsspannung (einige $1/10$ V) genannt wird. Der Strom I_C nähert sich $\dfrac{E}{R}$. Er wird also unabhängig von I_B sein. Man sagt dann, daß der Transistor gesättigt ist. Er zeigt einen sehr schwachen Widerstand (Größenordnung von 1 Ohm) gegen den Stromfluß zwischen Emitter und Kollektor. Er ist nicht mehr verstärkungsfähig. Auch hier ist es wichtig, daß die Ströme I_B und I_C die Grenzwerte nicht überschreiten, andernfalls wird der Transistor beschädigt. Für einen Niederleistungstransistor ist I_B max. = einige mA und I_C max. = etwa hundert mA, während bei einem Leistungstransistor I_B max. = 4–5 Amp. und I_C max. 15–20 Amp. erreichen kann.

Die im Transistor in Wärme umgewandelte Gleichstromleistung ist gleich dem Produkt des Kollektor (oder Emitter)stroms und der Kollektor-Emitter-Spannung: $P = I_C \times U_{CE}$. Diese Leistung darf bestimmte Grenzwerte nicht überschreiten: Etwa hundert Milliwatt für die Kleinleistungstransistoren und etwa 100 W für die Leistungstransistoren.

Kennlinien

Die Untersuchung der Merkmale zeigt uns den Zusammenhang zwischen den Gleichspannungen und den Gleichströmen, die den Schichten eines Transistors zugeführt werden. Diese Zusammenhänge werden durch die Kennlinienfelder dargestellt. Die Untersuchung dieser Merkmale ist äußerst wichtig, denn sie gibt die Möglichkeit, die Verstärkungsbereiche eines Transistors zu bestimmen und seinen Arbeitspunkt zu wählen.

Das wichtigste Kennlinienfeld (Zeichnung auf Seite 69) zeigt die Abhängigkeit des Kollektorstroms I_C von der Emitter-Kollektor-Spannung U_{EC}. Die einzelne Kennlinie ist durch den jeweiligen Basisstrom I_B gekennzeichnet. Diese Kennlinien zeigen, daß der Kollektorstrom I_C mit der Emitter-Kollektor-Spannung U_{EC} bei gleichbleibendem Basisstrom ansteigt. Aus der Linienschar wird auch die große Stromverstärkung des Transistors in Emitterschaltung ersichtlich: Bei gleichbleibender Emitter-Kollektor-Spannung U_{EC} bewirkt eine relativ kleine Änderung des Basisstroms I_C eine erhebliche Änderung des Kollektorstroms I_C. Anders gesagt: Bei gleichbleibender U_{EC} ist der Strom I_C von I_B abhängig. Je nach Typ des Transistors wird ein Kollektorstrom I_C von einigen mA bis einigen zehn mA erreicht. Die Stromverstärkung kann Werte von 20 bis 300 aufweisen. Es ist ein Problem der Hersteller, die Exemplarschwankungen bei der Fabrikation von Transistoren hinsichtlich der Stromverstärkung auf ein erträgliches Mittelmaß einzuschränken.

In der Autoelektrik bedient man sich mehr und mehr elektrischer Hilfsmittel: Im Bild oben z. B. einer Einrichtung, die die Benzineinspritzung elektronisch steuert und zur Abgasentgiftung beiträgt. Im Bild unten sind Bauelemente zu sehen, die die Drehzahl von Elektromotoren vollautomatisch regeln und verschiedenen Betriebszuständen anpassen.

Außerordentliche Bedeutung haben die Halbleiter für den Bau von Computerschaltungen gewonnen. Sie haben den Raumbedarf der Elektronenrechner enorm reduziert und bieten ideale Funktionsbedingungen. Im Bild sind die Bausteine einer langsamen störsicheren Logik-Serie zu sehen – im Vordergrund Reißbrettstifte zum Größenvergleich.

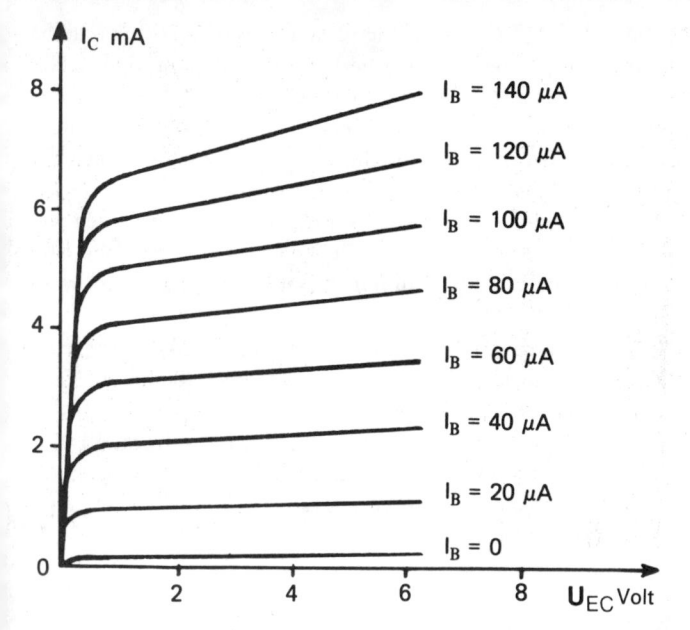

Typische Kennlinien eines legierten pnp-Transistors in Emitterschaltung.

Das Linienfeld des Bildes auf Seite 69 zeigt noch, daß der Strom I_C nur dann normale Werte erreicht, wenn die Spannung U_{CE} höher liegt als der Restspannung genannte Wert (in der Größenordnung von einigen Zehntel Volt), der den Krümmungen der Kennlinien entspricht, und man bemüht sich, vor allem bei Schalttransistoren, diese Restspannung zu verringern.

Der Kollektorstrom, der einem Basisstrom gleich Null (mit offener Basis) entspricht, wird Sperrstrom genannt und als I_{CEO} bezeichnet. Er wird für eine gegebene Emitter-Kollektor-Spannung definiert und seine Änderung im Verhältnis zu dieser Spannung hängt hauptsächlich von den Oberflächenphänomenen am Kollektor-Übergang ab. Dieser Strom ändert sich exponentiell mit der Temperatur: Er verdoppelt sich alle 11° C beim Germanium und alle 5,5° C beim Silizium (im letzten Falle ist diese Erscheinung wesentlich weniger störend, denn die Werte des Sperrstromes bei 25° C sind – für gleiche Transistoren mit gleicher Leistung – 100 bis 1000mal geringer bei Silizium als bei Germanium). Der rasche Anstieg des Sperrstroms mit der Temperatur hat schädliche Folgen: Er verschiebt die Kennlinien, und es ist angebracht, durch entsprechende Schaltungsmaßnahmen eine Stabilisierung des Arbeitspunkts zu erzielen. So kann eine weitere Erwärmung (»thermische Aufschaukelung«) vermieden werden, die nicht nur Verzerrungen des verstärkten Signals und einen Leistungsabfall, sondern auch die Zerstörung des Transistors zur Folge hätte.

Außerdem wird das Kennlinienfeld durch drei Linien begrenzt: Die Abszissengerade U_{CE} max., die Hyperbel, die die im Transistor maximal in Wärme umgewandelte Gleichstromleistung ($P_{max.} = U_{CE} \times I_C$) darstellt und die Ordinatengerade I_C max. (Bild Seite 71). Der Arbeitspunkt muß also innerhalb dieser Grenzwerte bleiben, wenn der Transistor nicht Schädigungen ausgesetzt werden soll.

Wechselstromverhalten

Die Schwingungen, mit denen sich die moderne Elektronik befaßt, werden immer schneller. Zur Zeit verwendet man elektromagnetische Wellen oder Hertzsche Wellen, deren Frequenz 10 000 MHz überschreitet. Ob man sich für den Transistor als Verstärker von Hochfrequenzsignalen oder als Schaltelement interessiert, immer ist es wichtig, sein Wechselstromverhalten zu kennen.

Wir haben schon gesehen, daß die »Transistorwirkung« nur dann festzustellen ist, wenn die aus dem Emitter stammenden Elektronen bei einem npn-Transistor (oder Löcher bei einem pnp-Transistor) die Basis durchqueren und in das Emittergebiet eindringen. Die Fähigkeit des Transistors, bei Hochfrequenz zu funktionieren, wird also durch die Durchgangszeit der Elektronen (oder der Löcher) in der Basis begrenzt. Diese Durchgangszeit steht im Verhältnis zum Quadrat der Basisdicke und man kann schon daraus ersehen, wie wichtig es ist, äußerst dünne Basisschichten zu schaffen.

Interessiert man sich für den Transistor als Schaltelement, so ist

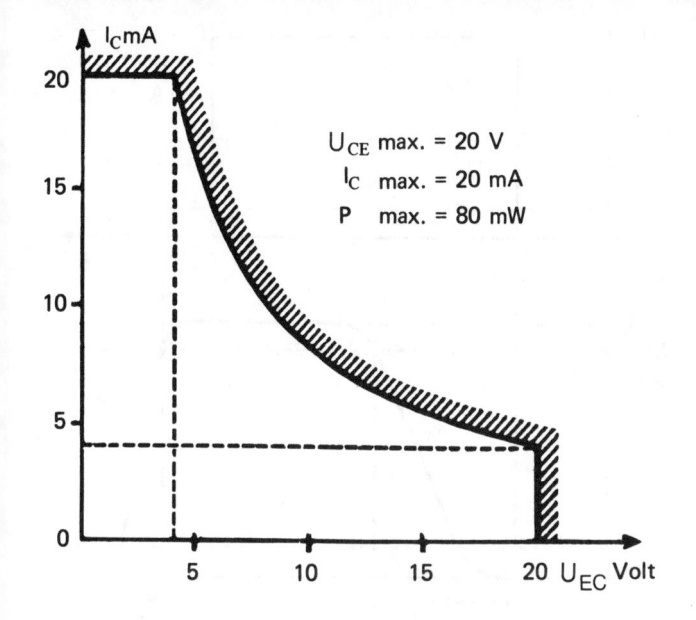

Grenzwerte eines Transistors mit geringer Leistung.

es dann notwendig, seine »Impulsantwort« zu kennen. Richtet man auf die Transistorbasis einen Spannungsimpuls, um ihn vom gesperrten Zustand in den gesättigten Zustand in der Zeit t_1 und vom gesättigten Zustand in den gesperrten Zustand in der Zeit t_2 zu überführen, so erhält man auf dem Kollektor einen verformten Stromimpuls von der max. Verstärkungg I_C (Bild Seite 72). Es vergeht eine Zeit t_d (Verzögerungszeit) zwischen dem Beginn des Basisspannungsimpulses (Zeit t_1) und dem Zeitpunkt, wo der Kollektorstrom anfängt zu fließen, das heißt einen Wert gleich $\frac{I_C}{10}$ zu erreichen. Es benötigt eine gewisse Zeit t_r (Anstiegzeit), ehe der Kollektorstrom 0,9 I_C erreicht. Hat der Basisspannungsimpuls (in der Zeit t_2) aufgehört, so vergeht eine Zeit t_s (Lagerungszeit), bevor der Kollektorstrom anfängt abzufallen, d. h. den Wert von 0,9 I_C zu erreichen, und eine Zeit t_f, bis er auf 0,1 I_C abgefallen ist. Diese Erscheinungen erklären sich da-

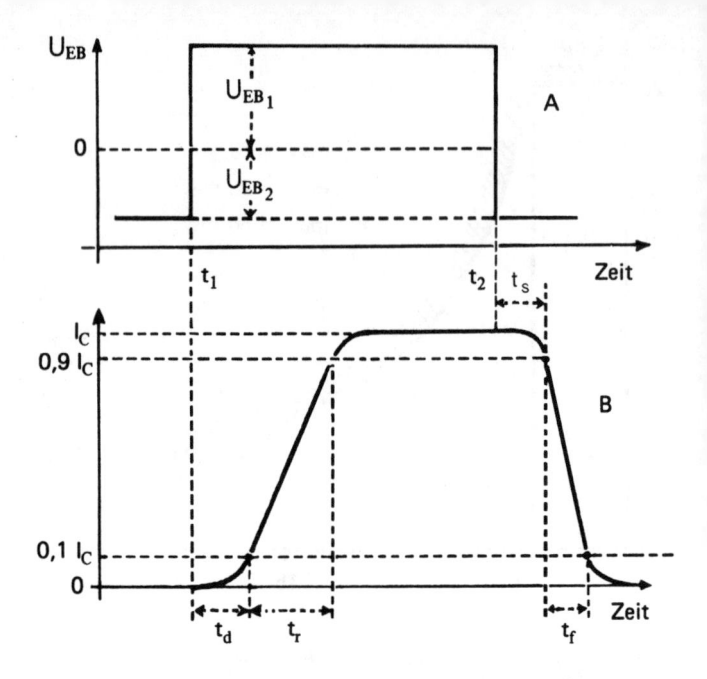

*Die Merkmale der Umschaltung. – A = Eintrittsimpuls,
B = Ausgangsimpuls, t = Zeit, E = Emitter, C = Kollektor,
B = Basis. (Diese Buchstaben werden auch in den folgenden
Grafiken verwendet.)*

durch, daß die Ladungsträger eine gewisse Zeit in der Basis benötigen, um den Kollektor zu erreichen.

Je kürzer diese verschiedenen Zeiten sind, um so »schneller« ist der Transistor. Zur Orientierung: Bei einem der schnellsten Transistoren, die es derzeit gibt, ist $t_r = 6$ ns (1 ns = 1 Nanosekunde, d. h. 1 Milliardstel Sekunde), $t_s = t_f = 3$ ns.

Das thermische Verhalten

Die maximale Leistung eines Transistors hängt hauptsächlich von seinen Grenzmerkmalen ab, und zwar sowohl thermisch als auch elektrisch.

Zunächst ist es nämlich notwendig, die beim Kollektor-Basis-Übergang erzeugte Wärme nach außen abzuführen, damit die Temperatur dieses Überganges die maximale Temperatur (100°C bei Germanium und 200°C bei Silizium) nicht überschreitet, da sonst der Transistor seine Verstärkungsfähigkeit sehr bald verliert und dauernde elektrische Verformungen erleidet, bevor er völlig zerstört wird. In erster Linie – und das ist Sache des Herstellers – muß die Wärmeleitung vom C-B-Kontakt zum Gehäuse erleichtert werden. Das wirksamste Mittel besteht darin, das Gehäuse mit Silikonfett zu füllen. Auf diese Weise bleibt die gute elektrische Isolierung gewährleistet und die Wärmeleitfähigkeit zwischen C-B-Kontakt und Gehäuse wird verbessert. Den Wärmewiderstand Übergang-Gehäuse bezeichnet man als Temperaturunterschied zwischen Übergang und Gehäuse bei einer Wärmeleistung von 1 Watt (in C° gemessene Wärmewerte können in Watt umgerechnet werden). Er liegt bei der Größenordnung von $1/2°$ pro Watt für die heute hergestellten Hochleistungstransistoren.

Danach – und das ist Sache des Verbrauchers – muß die Wärme aus dem Gehäuse abgeführt werden, was mit Hilfe von Kühlrippen oder einer Zwangsbelüftung begünstigt wird. Man hat daran gedacht, sich des Peltier-Effektes zu bedienen, aber dieses Verfahren steckt noch im Experimentierstadium.

(Der nach dem französischen Physiker Peltier benannte Effekt ist die Umkehrung des Thermo-Effekts. Wenn man die Stelle, an der zwei verschiedenartige Metalle verlötet sind, erhitzt, dann kann an den freien Enden der Metallteile eine Spannung abgenommen werden = Thermo-Element. Peltier entdeckte 1834, daß sich die Lötstelle abkühlt, wenn man einen Strom in bestimmter Richtung durch ein Thermo-Element leitet.)

Zu erwähnen wäre noch die Verbesserung durch Verwendung von Silizium statt Germanium. Bei gleichem Wärmewiderstand kann ein Silizium-Transistor zwei- oder dreimal mehr Energie bei einer Gehäusetemperatur von 25° C und fünfmal mehr bei einer Gehäusetemperatur von 75° C als ein Germaniumtransistor zerstreuen.

Winzig sind die Schaltelemente aus Halbleitern. Die Siliziumscheibe (im unteren Bild rechts oben) wird in mehrere hundert Systeme zerlegt, die Größen von 1 qmm (oben im Zentrum) aufweisen. Die fünfstufige Halbleiterschaltung dieser Größe links unten enthält 5 Transistoren und 7 Widerstände. Die Gebilde rechts unten sind dazugehörige Halbleitersysteme.

Der Transistor als Verstärkungselement und seine Anwendung

Die Anwendungsmöglichkeiten der Transistoren sind zahlreich, und es werden ständig neue Anwendungsgebiete erschlossen. In manchen Fällen ist es ihre Eigenschaft als Verstärkungselement, in anderen als Schaltelement, die vorherrscht. Selbstverständlich können bei vielseitigen Anwendungen beide Eigenschaften gleichzeitig genutzt werden. Sie werden dann zwangsläufig willkürlich in die eine oder in die andere Kategorie eingestuft.

Meist läßt sich das Arbeitsprinzip eines elektronischen Geräts als eine Kombination von elementaren Funktionen durch Zwischenschaltung eines Verstärkers beschreiben: Verstärkung, Erzeugung von Schwingungen, Modulation und Demodulation. Hinzu kommen komplexe Funktionen, die aus den genannten abgeleitet werden können: Frequenzveränderung, Integration und Differenzierung. All dies wurde früher mit Vakuumröhren erreicht. Heute erzielt man diese Funktionen – nach entsprechender Änderung der Schaltungen und der Stromkreise mit Dioden und Transistoren.

Und die Transistoren haben die Vakuumröhren immer da ersetzt, wo geringer Raumbedarf, niedriges Gewicht, geringer Energieverbrauch oder kleine Speisungsspannung, Stoß- und Beschleunigungsfestigkeit oder längere Lebensdauer verlangt werden.

Die Transistoren haben die Industrie erobert: Metallindustrie, Automobilindustrie, Uhrenindustrie, und zwar über die Meß- Kontroll- und Reguliergeräte.

Für dieses Buch haben wir sechs Anwendungsgebiete gewählt: Rundfunk und Fernsehen, Fernmeldewesen, Messen, Rechnen, Industrie, Waffentechnik. Diese Gebiete werden wir untersuchen, nachdem wir einige sehr einfache Angaben über die Transistorverstärker gemacht haben.

Die Transistorverstärker

Der Transistor bewirkt (je nach Polung) entweder eine Gleichstrom- oder eine Wechselstromverstärkung. Er ist also ein Verstärkungselement. Die Zeichnungen auf Seite 77 zeigen am Beispiel eines Wechselsignalverstärkers die drei Grundschaltungen. Die Schaltungen werden nach dem Anschluß des Transistors benannt, den Eingang und Ausgang gemeinsam haben.

In der Emitterschaltung (a) ist die Stromverstärkung erheblich größer als eins. Die Impedanz (der Wechselstromwiderstand) des Eingangs ist klein und die Ausgangsimpedanz groß.

In der Basisschaltung (b) ist die Stromverstärkung praktisch gleich eins. Die Eingangsimpedanz ist klein und die Ausgangsimpedanz ist groß.

Man erzielt mit beiden Schaltungen eine Leistungsverstärkung, denn der Strom liegt am Ausgang an einem größeren Wechselstromwiderstand an als am Eingang.

In der Kollektorschaltung (c) ist die Spannungsverstärkung praktisch gleich eins. Die Eingangsimpedanz ist groß und die Ausgangsimpedanz klein. Diese Schaltung wird deshalb oft zur Anpassung großer Widerstände an kleine (als »Impedanzwandler«) verwendet. Sie kann ebenfalls eine Leistungsverstärkung bringen, die indes wie in der Basisschaltung geringer ist als in Emitterschaltung.

Die Basisschaltung wird häufig in Geräten verwendet, die mit hohen und höchsten Frequenzen arbeiten. Emitter- und Kollektorschaltung verhalten sich im Hochfrequenzbereich ungünstiger. Man setzt die Emitterschaltung mit ihrer hohen Stromverstärkung am meisten in Niederfrequenzanordnungen ein. Die Kollektorschaltung, die auch »Emitterfolger« genannt wird, spielt in der Meß-, Steuer- und Regelelektronik eine große Rolle.

Schaltbilder von drei verschiedenen Ausführungen eines Wechselsignalverstärkers. R_1 und R_2 sind zwei Widerstände, die die Basis gegenüber dem Emitter negativ polen und als Spannungsteiler den Arbeitspunkt des Transistors einstellen. C_1 und C_3 sind Koppelkondensatoren, C_2 ein Entkopplungskondensator. E = Eingang, A = Ausgang, R = Widerstand. Diese Symbole werden auch in folgenden Grafiken verwendet.

a

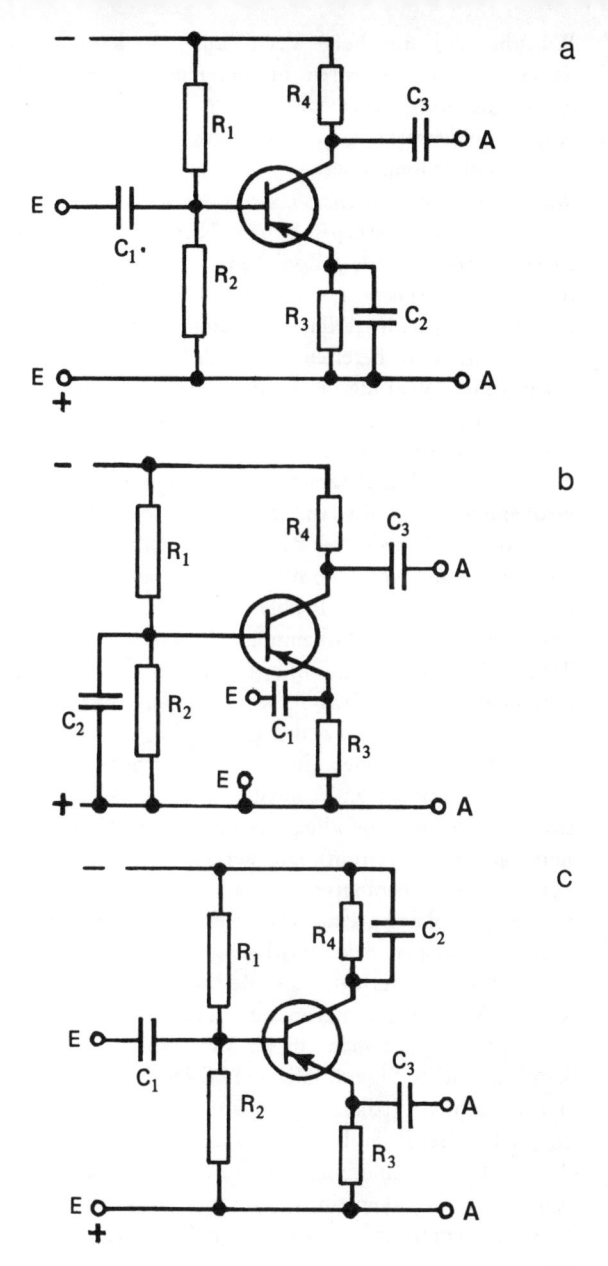

b

c

77

Wünscht man eine hohe Verstärkung, so kann man mehrere Transistorverstärkerstufen hintereinander schalten. Man verbindet die Stufen entweder unmittelbar (galvanisch) oder mit Koppelkondensatoren bzw. mit Zwischenübertragern (Transformatoren) miteinander.

Wie mit Vakuumröhren so lassen sich auch mit Transistoren verschiedene Verstärkertypen bauen: Niederfrequenz- und Gleichstromverstärker, Vor-, Zwischen- und Endverstärker, Hochfrequenzverstärker u. a. m.

Eine der Hauptschwierigkeiten beim Einsatz von Transistoren im Verstärkerbau bereiten die durch Temperaturschwankungen verursachten Veränderungen der Kennlinien und die dadurch entstehenden Leistungsminderungen, Signalverzerrungen etc. Diesem Problem begegnet man durch Gegenkopplungsschaltungen, die auch Exemplarstreuungen kompensieren und Alterserscheinungen stabilisieren, solange der Verstärkungsfaktor der verwendeten Transistoren ausreichend bleibt.

Die Verstärkung von Gleichstromspannungen und Gleichströmen wirft noch schwierigere Probleme auf, wenn man sich wirksam vor unerwünschten Erscheinungen schützen will, die durch die Temperatur entstanden sind (d. h. daß z. B. eine Ausgangsspannung entsteht, obwohl keine Eingangsspannung eingesetzt wurde). Man kann entweder einen Differenzverstärker wie im Bild auf Seite 79 oder einen Trennverstärker verwenden. Im ersten Falle wählt man Transistoren, deren elektrische Merkmale sich sehr ähneln (vor allem durch gleichen Verstärkungsfaktor und gleichen Sperrstrom). Die Verlustleistung ist dann nur Folge der temperaturbedingten Variationsdifferenz der Kollektorströme und bleibt gering. Im zweiten Fall wird das Eingangssignal durch einen elektronischen oder mechanischen Vibrator in Rechtecksignale zerlegt. Die Rechtecksignale werden auf die gleiche Weise wie Sinussignale verstärkt. Nach Gleichrichtung und Filtern erhält man ein im Verhältnis zum Eingangssignal kontinuierliches Signal. Mit dieser Methode schaltet man die unerwünschten Erscheinungen zum größten Teil aus.

In der Elektronik finden diese Dauersignalverstärker ein ausgedehntes Einsatzgebiet und man findet sie immer wieder bei verschiedenen Techniken: in Meßgeräten, in der Registrierung sich langsam verändernder Größen, in Servomechanismen, in der

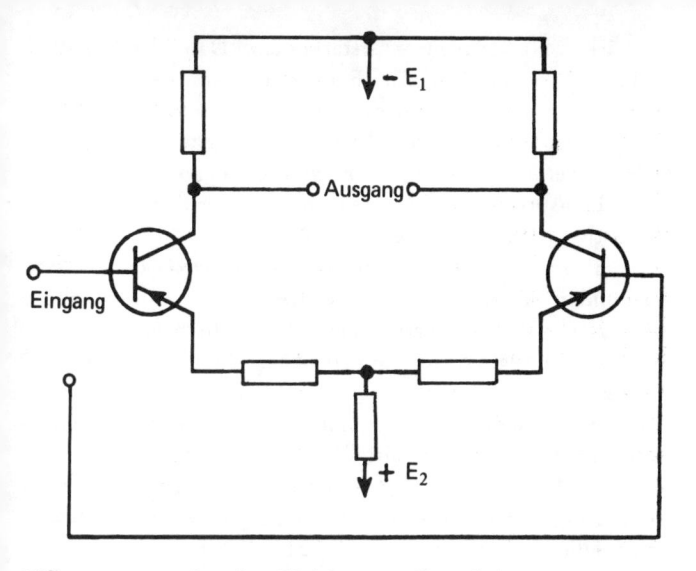

Differenzverstärker für Gleichstrom. Grundschema.

Fernsteuerung, Datenübertragung, Regulierung der Speisungsgleichspannungen und -ströme und in den Analogierechnern.

Die Transistoren in der Rundfunk- und Fernsehtechnik

Wenn heute die Transistoren beim Publikum so bekannt sind, daß es selbst das tragbare Empfangsgerät Transistor nennt, so kam dies ohne Zweifel mit ihrer Anwendung in der Fernseh- und Rundfunktechnik. Diesen stürmischen Aufschwung verdankt man der Miniaturisierung und der Möglichkeit, normale Batterien zu verwenden – oft sogar solche, wie sie für elektrische Taschenlampen benutzt werden. Gewiß, vor der Einführung des Transistors gab es tragbare Röhrenempfangsgeräte, aber sie waren schwerer, teurer und vor allem erforderten sie neben der Niederspannungsbatterie auch noch eine Hochspannungsbatterie, die rasch verbraucht war und oft ersetzt werden mußte. Selbstverständlich findet man bei einem Transistorempfangsgerät die gleichen Funktionen, wie bei einem Röhrenempfänger: Hochfrequenzverstärker, Oszillatoren und Mischer, Mittelfrequenz-

Verstärker, Niederfrequenzverstärker usw. Dank der Miniaturisierung ist es nun möglich, Empfänger herzustellen, die die Größe einer Streichholzschachtel haben. Sie sind jedoch nur in Sonderfällen – wie bei Satelliten, wo geringstes Volumen und Gewicht verlangt werden – von Interesse, denn man kann von einem Lautsprecher mit kleinstem Durchmesser keine allzu große akustische Qualität erwarten.

Die Einführung der Transistoren mit Trennfrequenzen von einigen hundert Megahertz erlaubt die Herstellung von Empfängern, die nicht nur Verstärkungsmodulationen, sondern auch Frequenzmodulationen empfangen und so höhere Frequenzen ins Spiel bringen.

Die Transistoren haben insbesondere auch den Sektor der Autoradios erobert, da sie unmittelbar von der Batteriegleichspannung – 6, 12 oder 24 V – gespeist werden können, während die Röhrenempfangsgeräte einer vibratorartigen Ausrüstung bedürfen, um die Hochspannung – von 100 bis 200 V – zu produzieren, die zur Speisung von Röhrenanoden erforderlich ist.

Man stellt heute auch Sender her; doch war hier der Fortschritt nicht so augenscheinlich, da die Hauptschwierigkeit im Aussendebereich lag. Er verlangt eine Energiezufuhr, die bekanntlich eine ernsthaft einschränkende Bedingung in der Anwendung von Transistoren darstellt. Es gelingt heute jedoch einige zehn Watt bei etwa hundert Megahertz zu senden, was vollkommen ausreicht, um mit normalen Empfängern Kurzwellenverbindungen auf etwa hundert Kilometer herzustellen. Man ist aber noch weit von den etwa hundert Kilowatt der Hochleistungssender entfernt.

Die Einführung der Transistoren in die Fernsehtechnik erfolgte langsamer. Das liegt daran, daß hier die Frequenzen und Spannungen höher sind als beim Rundfunkempfänger und daß man warten mußte, bis man über Transistoren verfügte, die in großen Serien hergestellt werden konnten und folglich billig genug waren, um diesen Erfordernissen gerecht zu werden.

Als Beispiel geben wir nachfolgend die Daten eines solchen tragbaren Fernsehempfängers: Maße $20 \times 24 \times 36$ cm; Gewicht 8,6 kg (einschließlich der Batterie); Verbrauch 8,5 W; der Kreislauf umfaßt 24 Transistoren, 14 Dioden und eine Gleichrichtervakuumröhre für die Hochspannung (6 500 V); der Ablenkungswinkel der Bildröhre beträgt 70°; die 12 V Nickel-Kadmium-Batterie kann 6 Stunden arbeiten, ohne erneut geladen werden zu müssen.

Die Transistoren in der Fernmeldetechnik

Auf diesem Gebiet machen die Transistoren den Röhren eine nicht weniger rege Konkurrenz als in der Rundfunktechnik. Die Vorteile, die die Transistoren hier bieten, sind jedoch nicht so groß, daß man daran denkt, von heute auf morgen alle Röhrenanlagen durch Transistorenanlagen zu ersetzen. Schon ganz einfach aus wirtschaftlichen Gründen – es dauert zwanzig Jahre bis eine Röhrenanlage amortisiert ist – läßt sich eine solche plötzliche Umstellung schlecht bewerkstelligen. Um die neuen technischen und wirtschaftlichen Möglichkeiten der Transistoren auszunutzen, hat man begonnen, neue Fernmeldesysteme zu untersuchen. So hat das französische nationale Fernmeldeforschungszentrum C.N.E.T., an dem die Autoren arbeiten, ein System untersucht und entwickelt, nach dem 1 200 Telefonleitungen über ein koaxiales Kabel angelegt werden können, dessen Durchmesser kleiner und folglich billiger ist als der des Kabels, das für Röhrenanlagen verwendet werden muß. Die Transistorverstärker sind – in Abständen von 3 km – in Gußtöpfen deponiert, die in der Erde eingegraben sind. Sie werden mit Gleichstrom ferngespeist, fernkontrolliert und verlangen im Gegensatz zu den Röhrenanlagen, die außerdem sehr sperrig sind, keine Wartung. Röhrenanlagen erfordern bisher überdies den Bau eines Gebäudes, in dem sie untergebracht und periodisch inspiziert werden.

Das Vertrauen, das man den Transistoren entgegenbringt, ist so groß, daß man nur einen Verstärkungsweg plant, während die Röhrenanlagen vorsorglich mit zwei parallelen Wegen ausgestattet sind. Die Speisungsanlagen der Gleichstromverstärker sind ebenfalls transistorisiert, da die benötigte Kraft klein genug ist: 1 W pro Verstärker.

Es gibt noch ein Gebiet, wo der Transistor wegen seines geringen Verbrauches und seiner großen Lebensdauer der Röhre weit überlegen sein wird: bei der Verstärkung für Unterwassertelefonkabel, wo die bisher eingesetzten Röhren eine garantierte minimale Lebensdauer von 100 000 Stunden (d. h. fast 12 Jahren) haben mußten und eine spezielle und kostspielige Herstellung erforderten.

Auf dem neuen Gebiet der Fernmeldung im Weltraum, deren Ära im Jahre 1958 begann, konnten mit einem Verstärker mit sehr schwachem Eigenrauschen und durch Einsatz von Halbleiterdioden die vom passiven »Echo«-Satelliten zurückgestrahlten Signale verstärkt werden. Die Transistoren und Halbleiterdioden werden in großem Umfang auch bei aktiven Satelliten eingesetzt, das heißt bei solchen Satelliten, die das empfangene Signal verstärkt wiedersenden, wie z. B. etwa bei Telstar, Relay, Syncom und Early Bird.

Die Transistoren in der Meßgerätetechnik

Auch hier fangen die Transistoren an, die Röhren zu ersetzen. Dies geschieht weniger weil ihre elektrischen Leistungen denen der Röhren überlegen sind, sondern vielmehr, weil sie die Möglichkeit bieten, kleinere und leichtere Geräte herzustellen, die durch Batterien bequem mit Betriebsstrom versorgt werden können. So hat man die klassischen Meßgeräte für Spannungen, Frequenzen usw., sowie alle neuen Instrumente auf dem Gebiet der Atomenergie transistorisiert.

Der Atomstrahlungsdetektor z. B. muß klein und tragbar sein. Am meisten wird zweifelsohne der Geiger-Müller-Zähler gebraucht: Die Partikeln, die eine Gasröhre durchqueren – gewöhnlich eine Halogenröhre –, rufen eine Entladung bzw. einen Stromimpuls hervor, der verstärkt und einem Stromkreis zugeführt wird. Der Strom dieses Kreises steht proportional zur Zahl der Partikeln, die die Gasröhre durchquerten. Die Elektroden dieser Gasröhre benötigen eine Gleichspannung von mehreren hundert Volt: Es ist sehr einfach, diese Spannung mit Hilfe eines Transistors zu erzeugen, der von einer Batterie mit nur einigen Volt gespeist wird. Man schaltet diesen Transistor als Oszillator, damit er eine Wechselspannung liefert. Diese Wechselspannung wird vom Transformator erhöht, dann gleichgerichtet und liefert die für die Gasröhre notwendige hohe Gleichspannung. Man kann auch Strahlungsdetektoren bauen, wenn man photoempfindliche pn-Verbindungen verwendet, deren Kurzschlußstrom im Verhältnis zur Zahl der Partikel steigt, die auf den Übergang stoßen.

Im Zusammenhang mit den tragbaren Geräten müssen wir auch die Hörgeräte erwähnen, obwohl sie eigentlich nicht zu den Meßgeräten gehören. Durch die Miniaturisierung können sie einschließlich Batterie in den Bügeln einer Brille untergebracht werden: Jeder Bügel enthält zwei Viertransistorenverstärker.

Die Transistoren im Elektronenrechner

Ganz allgemein gibt es zwei Methoden der Datenverarbeitung. Bei der ersten wird das numerische Rechensystem eingesetzt, dessen gebräuchlichste Form Binärsystem genannt wird und darin besteht, nur die Zahlen 0 oder 1 zu benutzen. Hier wird der Transistor im wesentlichen als Schaltelement eingesetzt.

Die zweite Methode ist das Analogierechnen, bei dem die jeweiligen Größenwerte nicht mehr durch eine Reihe von Zahlen 0 oder 1 verarbeitet werden, sondern sich im proportionalen Verstärkungswert eines Stroms oder einer elektrischen Sinusspannung ausdrücken. Mit Hilfe von Widerstandsnetzen, Induktivitäten (Spulen), Kondensatoren und Verstärkern kann man dann elementare mathematische Rechenaufgaben über die elektrischen Größen ausführen: Summierungen, Multiplikationen, Differenzierung, Integration und anschließend die Kombination dieser verschiedenen Rechnungen, um die gestellte Aufgabe zu lösen.

Die Transistoren werden bei den Verstärkern mit all diesen Vorteilen angewandt. Die Miniaturisiertechnik ermöglicht es, Elemente mit kleinstem Raumbedarf herzustellen, die dadurch in großer Zahl eingesetzt werden können und die Menge der durchgeführten Rechenaufgaben infolgedessen erheblich ausweiten.

Wir müssen jedoch bemerken, daß die Präzision dieser analogischen Rechner durch die Präzision der benutzten Elemente begrenzt bleibt – es ist kaum möglich die Toleranz von 0,1 % zu unterschreiten. Sie bieten aber die Möglichkeit, die Lösung gestellter Probleme in Form von Kurvennetzen mit Hilfe von unmit-

Seite 84: Siliziumscheibe mit 300 Halbleiterschaltungen vor einem Muster vergrößerter logistischer Schaltungen.

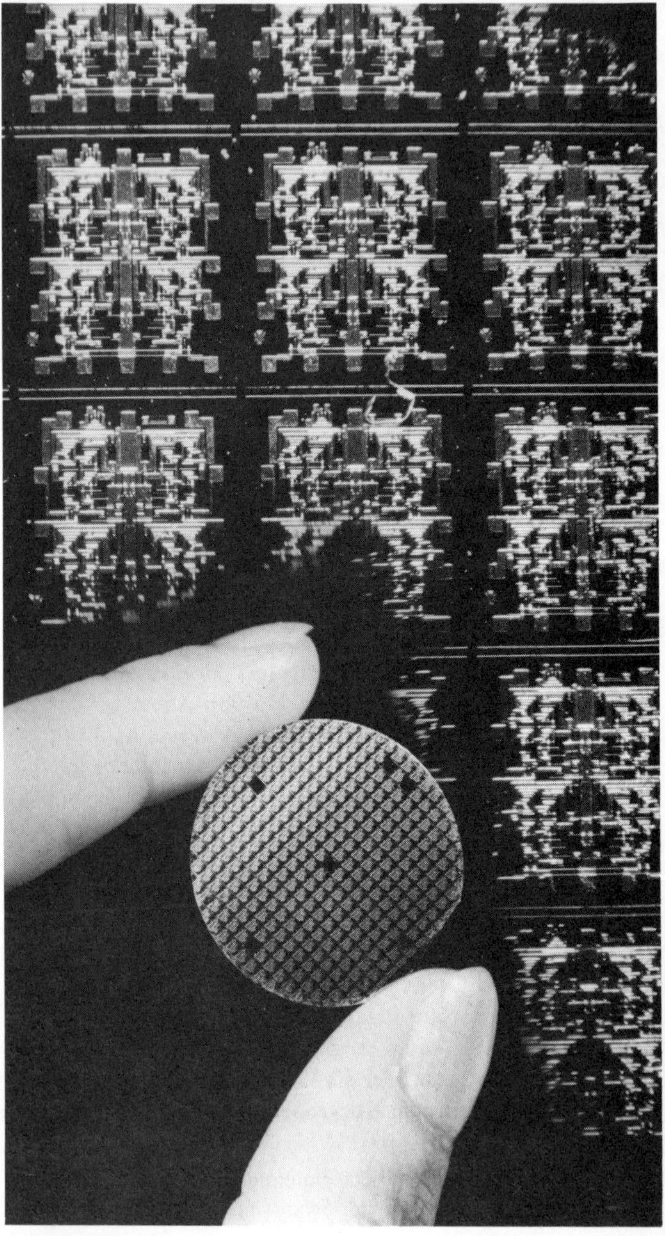

Die gleiche Siliziumscheibe von Seite 84 vor einer Meßapparatur, die zur präzisen Funktionsprüfung der winzigen Baugruppen dient. – Die integrierten Logikschaltungen der vorigen Bildseite tragen jeweils 40 Bauelemente auf einer Fläche von nur 2,4 qmm.

telbar durch die elektrischen Größen gesteuerten Zeichnern vorzulegen.

Transistoren in der Industrie

Gleichzeitig mit der Eroberung der Elektronik fanden Transistoren wachsende Anwendungsgebiete in der Industrie als Bauelemente in der Schalt- und Regeltechnik, der Automation, in Meß- und Kontrollgeräten. Entscheidende Faktoren waren dabei die geringe Größe der Transistoren, die relativ einfache Montage der neuen Bauteile und die Unempfindlichkeit der Transistoren gegenüber Erschütterungen.

Eine für die Transistoren kennzeichnende Verwendung – die mit Röhren nicht möglich wäre – ist der Einsatz in der Uhrenindustrie. Bei einer Uhr schwächt sich die Bewegung der Unruh durch Reibungsverluste ab. Es muß der Unruh also eine geringe Energie zugeführt werden, um sie in Gang zu halten. Das geschieht normalerweise durch eine aufgezogene Feder. Man kam nun auf den Gedanken, eine Batterie zur Erzeugung dieser Energie zu verwenden, und einen Transistor zur Umwandlung der Energie zu benutzen: Die Unruh besteht aus zwei parallelen kreisförmigen Scheiben, auf denen – an je einer bestimmten Stelle ihrer Peripherie – ein kleiner Magnet montiert ist. Der magnetische Kreis wird durch eine Weicheisenverbindung geschlossen, die auf der Achse der Unruh befestigt ist. Zwischen den beiden Scheiben sind zwei feststehende, konzentrische Spulen, die mit mehreren tausend Windungen eines äußerst feinen Drahts bewickelt sind. Die innere, die Bremsspule, ist im Basiskreis des Transistors geschaltet, die äußere, die Antriebsspule, befindet sich im Kollektorkreis.

Beim Vorbeigehen der Magnete wird ein Strom in die Basisspule induziert, der verstärkt in die Spule des Kollektors fließt, wodurch die Bewegung der Magnete beschleunigt wird. Die auf diese Weise geführte Energie ist sehr gering: Weniger als $1/2$ Milliwatt für eine kleine Tischuhr, so daß eine der im Handel üblichen Batterien von 4,5 V mit einer Leistung von 0,9 A/h genügt, um den entsprechenden Strom (100 μA) für die Dauer eines Jahres (0,9 A $\times$ 1 St. = 100 μA $\times$ 9000 St.) zu liefern.

Man hat sogar eine Batterie und einen Transistor in einer Armbanduhr untergebracht. Die Batterie ist eine 1,33-V-Quecksilberbatterie von 10 mm Länge und 4 mm Durchmesser, mit einer Leistung von 0,08 A/h, was ausreicht, um ein Jahr lang die zur Erhaltung der Bewegung notwendige Energie (sieben Millionstel Watt) zu liefern. Der Transistor muß einen sehr schwachen Sperrstrom haben, die schwachen induzierten Basisströme genügend verstärken und die Maße von 2 oder 3 mm nicht überschreiten: Das wirft heute keine Probleme mehr auf.

Die Transistoren haben auch die Einführung der Elektronik in die Bergwerke und überhaupt in Industrien ermöglicht, die mit Explosionsgefahr zu rechnen haben. Hier spielen Sicherheitsprobleme eine Hauptrolle. Jegliche Flamme und jeglicher Funke muß vermieden werden, die durch Bruch oder andere Funktionsdefekte an Apparaten entzündet werden können. Diese Gefahr besteht bei Röhren mit stark erhitzten Glühfäden und Anodenspannungen von etwa hundert Volt. Man kann entweder Geräte benutzen, die in explosionsgeschützten Gehäusen untergebracht sind – mit solchen Gehäusen wird das Gerätegewicht höher und die Handhabung schwieriger –, oder eingebaute Sicherheitsvorrichtungen, die nur bei niedrigen Spannungen möglich sind; z. B. 4 V-Spannung bei einem Akkumulator mit Kappenbirne. Die Transistoren bieten diese Möglichkeit und ermöglichen einfachste Ausführungen elektronischer Anlagen.

In der Automobilindustrie sind Transistoren nicht nur als Bauteile der Rundfunkempfänger von Bedeutung. Da man mit der Batterie eines Kraftfahrzeugs eine Betriebsspannungsquelle zur Verfügung hat, werden Transistorschaltungen auch für andere Funktionen eingesetzt. So können Transistorgeräte anstelle eines Relais zur Umschaltung der Wicklungen der Lichtmaschine verwendet werden und so den Ladevorgang der Batterie regeln. Mit Transistoren können die Zündkerzen präzise gesteuert werden, Halbleiterbauelemente findet man in automatischen Gangschaltungen und auch in Einrichtungen zur selbsttätigen Umschaltung von »Fernlicht« auf »Abblendlicht«. Hier löst die Reaktion eines Fühlerelements auf das Scheinwerferlicht des Gegenverkehrs den Umschaltvorgang aus.

Transistoren in der Rüstungsindustrie

Die Transistoren mußten sich erst bewähren, bevor sie für die Entwicklung von Kriegswaffen eingesetzt werden konnten, wo gleichzeitig höchste Betriebssicherheit und Widerstandsfähigkeit verlangt werden. Sie haben diese Prüfung glänzend bestanden und dringen überall, vor allem im Sektor der Fernmeldetechnik ein. Wir wollen nicht alle Anwendungsgebiete und begnügen uns mit einigen typischen, um zu zeigen, wie Gewicht und Verbrauch herabgesetzt werden können, wenn Transistoren anstelle von Röhren verwendet werden.

Bei den lokalen Sender-Empfängern mit einer ausgesandten Leistung von 0,3 W und einer Reichweite von etwa 10 km wog das Subminiaturröhrengerät einschließlich Batterien 3,2 kg und verbrauchte 2,5 W beim Empfang und 5 W beim Senden. Das Transistorgerät wiegt dagegen nur 2 kg und verbraucht 0,2 W beim Empfang und 2 W beim Senden.

Bei einem Sende-Empfangsgerät von 10 W Leistung wog eine erste teilweise transistorisierte Ausführung 44 kg. 21 kg davon kamen auf das eigentliche Gerät, 23 kg auf die Batterie und den Umformer. Dagegen wiegt die vollständig transistorisierte Ausführung nur noch 26 kg (14 kg das Gerät und 12 kg die Batterie). Hinzu kommt, daß der Verbrauch um die Hälfte reduziert ist.

Die Hertzschen Bündel – so wird eine radioelektrische Ultrakurzwellenverbindung zwischen Sender und Empfänger bei direkter Sicht genannt – profitierten ebenfalls von diesen Vorteilen. Durch die teilweise Transistorisierung wurde das Gewicht des aktiven Teils eines leichten Hertzschen Bündels (1700–2000 MHz, was Wellenlängen von 15 bis 17,6 cm entspricht) von 40 auf 30 kg und der Verbrauch von 220 auf 80 W herabgesetzt.

Der Radar, der dazu dient, weitentfernte Gegenstände (Flugzeuge, Hindernisse, Geräte usw.) durch Reflektion zu entdecken, paßte sich diesen Entwicklungen an und veränderte sein Gewicht im Verhältnis von 2:1, so daß heute tragbare Radargeräte hergestellt werden.

Auf dem Gebiet der Raketen und anderen Maschinen haben die Transistoren und andere Halbleitervorrichtungen einen vorherrschenden Platz eingenommen und die Einsatzmöglichkeiten erheblich ausgeweitet.

Der Transistor als Schaltelement und seine Anwendungsgebiete

Eines der bedeutendsten Anwendungsgebiete der Transistoren und der Halbleiterdioden als Schaltelemente ist zweifelsohne die Welt der Elektronenrechner. Gewiß, vor dem Einzug der Transistoren und der Dioden gab es schon solche Rechner, die mit Vakuumröhren ausgerüstet waren. Ihre Entwicklung blieb jedoch begrenzt, denn wenn es auch denkbar ist, Röhrenmaterial in Verwaltungs- und Rechenzentren einzusetzen, so entstanden doch ernsthafte Schwierigkeiten, als es sich darum handelte, dieses empfindliche Material in technischen Betrieben zu verwenden. Mit der Transistorisierung wurden die Geräte kleiner, stoßsicherer und dauerhafter.

Die Zuverlässigkeit eines Systems hängt von der Konstruktion und Zuverlässigkeit der einzelnen Bestandteile der Schaltungen ab. Sie ist das Hauptmerkmal dieser Anlagen, die aus unzähligen Teilen bestehen und bei denen ein einziges fehlerhaftes Element den Zusammenbruch des ganzen Systems hervorrufen kann. Um solche Störungen zu vermeiden, ist es notwendig, Ersatzbaugruppen, automatische Prüfvorrichtungen und vorbeugende Wartungen vorzusehen. Trotzdem bleibt die Zuverlässigkeit der einzelnen Bauteile von Anfang an unentbehrlich.

Transistoren und Dioden werden in »logischen Schaltungen«, die binäre Funktionen auszuführen haben, als Schaltelemente benutzt. Diese Bauelemente können in nahezu allen Anlagen eingesetzt werden, die Rechenaufgaben zu erledigen haben: in numerischen Rechnern, aber auch in »elektronischen« Telefon-

zentralen (im Gegensatz zu den sogenannten klassischen elektromechanischen Zentralen, in denen die Arbeitsvorgänge mit Hilfe von Relais oder anderen elektrisch gesteuerten mechanischen Vorrichtungen ausgeführt werden).
Die Arbeitsweise der logischen Kreise ist ohne eine Besprechung der entsprechenden Funktionen nicht zu erklären. Zur besseren Verständigung wollen wir die Grundlagen der binären oder Booleschen Algebra abhandeln.

Die logischen Funktionen

Die Binärvariable

Eine Binärvariable hat nur zwei mögliche Zustände, die konventionell mit 0 und 1 gekennzeichnet werden. Wird diese Variable durch a bezeichnet, so schreibt man:
a = 0, wenn a ≠ 1.
Bemerken wir jetzt schon, daß diese Definition alle Vorteile, die die elektrischen »binären« Signale vom Standpunkt der Zuverlässigkeit aus bieten können, klar an den Tag legt. Sie zeigt in der Tat, daß die Trennung der beiden Zustände 0 und 1 theoretisch durch eine präzise Grenze gekennzeichnet werden kann: Es wird z. B. ein bestimmter Wert eines Potentials oder eines Stromes oder in der Praxis eine bestimmte Verstärkung eines Spannungs- oder Stromimpulses sein. Dagegen können sich jedoch die »Zonen« des Potentials oder des Stromes, die jeden dieser beiden Zustände kennzeichnen, unendlich unterhalb oder oberhalb dieser Grenze ausdehnen. So stellt z. B. der Zustand 0 jede Spannung dar, die der Basis eines pnp-Transistors zugeführt wird, dessen Emitter auf Masse geschaltet ist, ohne den Transistor zu entriegeln (also schwach negativ, gleich Null oder irgend positiv). Der Zustand 1 stellt jede negative Spannung dar, die der Basis eines Transistors zugeführt wird und den Transistor entriegelt.
Die Signale, die zu jedem dieser Zustände gehören, können also erhebliche Variationen zeigen. Sie bringen keine Unsicherheit mit sich, wenn die Werte von der Grenze zwischen beiden Zuständen nur genügend entfernt bleiben.

Folgende Postulate bilden die Grundgesetze der Booleschen Algebra:

$0 \times 0 = 0$	(1)	$0 + 0 = 0$	(4)
$0 \times 1 = 1 \times 0 = 0$	(2)	$0 + 1 = 1 + 0 = 1$	(5)
$1 \times 1 = 1$	(3)	$1 + 1 = 1$	(6)

Abgesehen von der Relation unter (6) sind diese Gesetze mit den Regeln der üblichen Arithmetik identisch und wir werden sie anhand der Schaltkreise, die Additions- und Multiplikationsaufgaben durchführen, überprüfen.

Logische Grundfunktionen

Die Komplement(NICHT)-Funktion und die Identitäts-Funktion betreffen eine Binärvariable. Die Konjunktion (UND-Funktion) und die Disjunktion (ODER-Funktion) können mehrere Variable betreffen. Die Operationen erfolgen in den den mathematischen Funktionen entsprechenden logischen Schaltkreisen: Am Eingang der Schaltkreise werden die Binärvariablen eingegeben und am Ausgang erhält man das Ergebnis in binärer Form (0 oder 1).

Komplementfunktion (NICHT-Funktion): Sie ist eine f-Funktion. Wenn $a = 0$, dann ist $f = 1$; wenn $a = 1$, dann ist $f = 0$. (f ist also das Gegenteil oder Komplement von a.)

Sie wird symbolisch durch das gestrichene Zeichen oder ein Minutenzeichen(') dargestellt und man schreibt $f = \bar{a}$ bzw. a' und erhält demzufolge:

$a + a' = 1$
$a \times a' = 0$ und $(a')' = a$ auch: $\overline{(\bar{a})} = a$

Dieser Komplementärvorgang erfolgt praktisch durch einen Schaltkreis, den man »Umkehrer« oder »Inverter« nennt. Ein Schaltkreis dieses Typs ist im Bild Seite 92 schematisch dargestellt. Nun wollen wir sehen, wie ein solcher Kreis funktioniert: Wenn $a = 0$, d. h. wenn die am Eingang des Kreises zwischen Transistorbasis und Masse geführte Spannung nicht genügend negativ ist, um ihn zu entriegeln, so wird kein Strom in den Transistor fließen und man erhält am Ausgang des Kreises

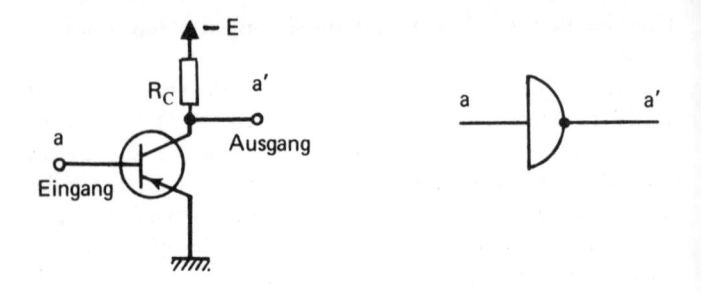

Schaltbild und Symbol eines Inverters.

zwischen Transistorkollektor und Masse eine negative Spannung $-E\!:\, =$ Zustand 1.

Wenn $a = 1$, d. h. wenn man am Eingang eine Spannung anlegt, die genügend negativ ist, um den Transistor zu entriegeln, so wird die Emitter-Kollektor-Spannung sehr schwach (Sättigungsspannung) und man hat den 0-Zustand.

Disjunktion (ODER-Funktion): Diese Funktion mehrerer Binärvariablen a, b, c, ... definiert man wie folgt: Sie ist gleich 1, wenn mindestens eine der Eingangsvariablen nicht gleich 0 ist (wenn ODER a, ODER b, ODER c, ... = 1). Sie ist gleich 0, wenn – nur wenn – alle Variablen den Wert 0 haben. Die folgende Tabelle zeigt diese Definition an zwei Variablen a und b:

a	0	0	1	1
b	0	1	0	1
f	0	1	1	1

Diese Funktion kennzeichnet die Addition der binären Algebra; man schreibt:
$f = a + b$

Man überprüft leicht die Regeln (4), (5), (6) sowie die Relation:
$a + a = a$

Den Schaltkreis, der diese Funktion ausführt, nennt man den ODER-Schaltkreis. Ein solcher Kreis hat ebenso viele Eingänge wie Variablen zu verbinden sind, sowie einen Ausgang. Das Bild auf Seite 94 zeigt ein Beispiel für einen ODER-Schaltkreis mit drei Eingangsdioden: Wird gleichzeitig an den drei Eingängen der Zustand 0 (Null-Spannung) geführt, so werden die Dioden gesperrt und man erhält am Ausgang (A) eine Null-Spannung (Zustand 0). Mit einer negativen Spannung an irgendeinem oder mehreren Eingängen wird mindestens eine Diode durchgängig und man findet am Ausgang die negative Eingangsspannung (Zustand 1).

Man kann auch einen ODER-Kreis mit Transistoren bauen (Bild Seite 95): Wird eine Null- oder schwach negative Spannung gleichzeitig an den Basen der beiden Transistoren T_1 und T_2 angelegt (Zustand 0), so bleiben die Transistoren gesperrt und man erhält am Ausgang eine Null-Spanung: Zustand 0. Wird an einen oder an beide Eingänge eine negative Spannung (Zustand 1) angelegt, dann ist einer oder sind beide Transistoren durchgesteuert und man erhält am Ausgang (A) eine negative Spannung – E: Zustand 1.

Konjunktion (UND-Funktion): Diese Funktion mehrerer Binärvariablen a, b, c, ... wird wie folgt definiert: Sie ist gleich 1, wenn – nur wenn – alle Eingangsvariablen gleich 1 sind (a UND b UND c, ... = 1). In allen anderen Fällen ist sie gleich 0. Die folgende Tabelle zeigt die Funktion am Beispiel von zwei Variablen a und b:

| a | 0 | 0 | 1 | 1 |
b	0	1	0	1
f	0	0	0	1

Diese Funktion kennzeichnet den Vorgang des »Sowohl-als-auch«. Es ist die Multiplikation der Binäralgebra; man schreibt:
$f = a \times b$
Man überprüft leicht die Regeln (1), (2), (3) sowie die Relation:
$a \times a = a$
Den Schaltkreis, der diese Funktion ausführt, nennt man UND-Schaltkreis. Ein solcher Schaltkreis hat ebenso viele Eingänge, wie Variablen zu multiplizieren sind, sowie einen Ausgang. Das Bild auf Seite 96 zeigt ein Beispiel für einen UND-Schaltkreis mit drei Eingangsdioden: Besteht gleichzeitig an den drei Eingängen der Zustand 1 (negative Spannung nahe von – E) geführt, so sind die Dioden gesperrt und man erhält am Ausgang (A) die Spannung – E (Zustand 1). Wenn dagegen an einem oder mehreren Eingängen der Zustand 0 hergestellt wird (Spannung Null), so werden eine oder mehrere Dioden durchgängig und man erhält am Ausgang (A) eine Null-Spannung (wenn die Spannung in der direkt danebenbefindlichen Diode abfällt).

Was geschieht, wenn man die elektrische Darstellung der Zustände 0 und 1 umkehrt, d. h. wenn man für den 0-Zustand eine negative Spannung und für den 1-Zustand eine Null-

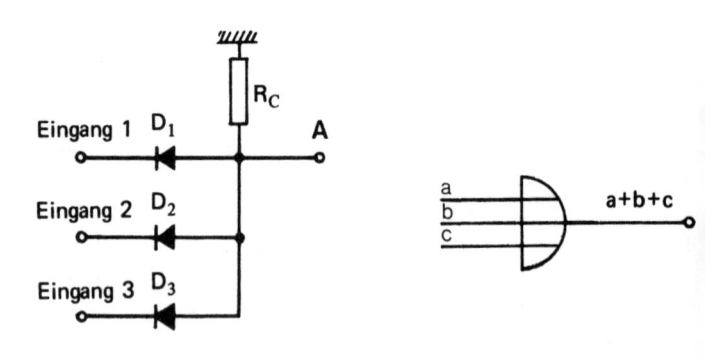

ODER-Schaltkreis mit drei Eingangsdioden. Daneben symbolische Darstellung der ODER-Funktion mit drei Eingangsvariablen.

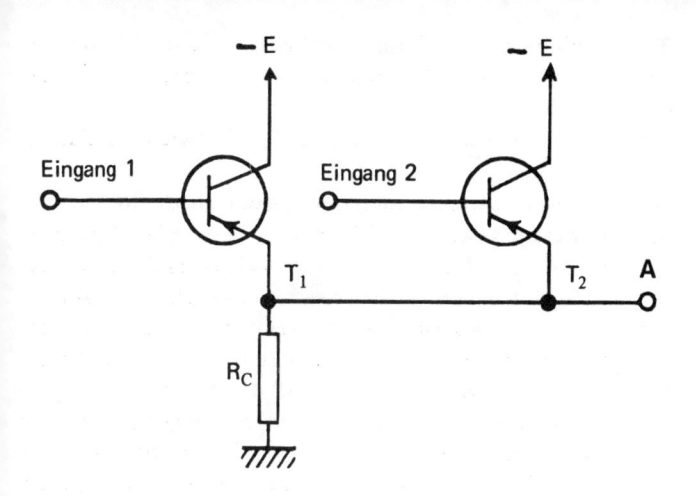

Schaltbild eines ODER-Kreises mit zwei Eingangstransistoren.

Spannung wählt? Dann wird der Umkehr-Schaltkreis ein Inverter bleiben, die ODER-Schaltkreise aber werden zu UND-Schaltkreisen und umgekehrt. Die Funktion der logischen Schaltkreise hängt also – mit Ausnahme des Kompliment- und Identitätskreises – von der Übereinkunft darüber ab, welche elektrische Darstellung zur Kennzeichnung von 0 und 1 gewählt wird.

Grundgesetze

Welches sind die wichtigsten Gesetze, die üblicherweise bei Rechenaufgaben angewandt werden? Die drei ersten Regeln gehören zur klassischen Algebra und werden in der Mengenlehre gelehrt, die vierte und fünfte gehören nur zur Binäralgebra.
1) Kommutatives Gesetz (Austauschbarkeit):
   $a \times b = b \times a$ und $a + b = b + a$
2) Assoziatives Gesetz (Verknüpfbarkeit):
   $a \times b \times c = (a \times b) \times c = a \times (b \times c)$
   $a + b + c = (a + b) + c = a + (b + c)$

3) Distributives Gesetz (Aufteilbarkeit):
   $a \times (b + c) = a \times b + a \times c$
4) Das de Morgan'sche Gesetz:
   $$(a + b + c)' = a' \times b' \times c'$$
   bzw. $\overline{(a + b + c)} = \bar{a} \times \bar{b} \times \bar{c}$,
   so daß das Komplement einer Summe gleich Produkt der Komplemente ist:
   $$(a \times b \times c)' = a' + b' + c'$$
   bzw. $\overline{(a \times b \times c)} = \bar{a} + \bar{b} + \bar{c}$,
   so daß das Komplement eines Produktes gleich der Summe der Komplemente ist. Daraus folgt: $a + b = (a' \times b')'$ bzw. $\overline{(\bar{a} \times \bar{b})}$, d. h. man kann die ODER-Funktion durch Kombinieren von UND-Funktionen und Komplement erhalten; und es folgt ferner daraus $a \times b = (a' + b')'$ bzw. $\overline{(\bar{a} + \bar{b})}$, d. h. man kann die UND-Funktion durch Kombinieren von ODER-Funktionen und Komplement erhalten.
5) Es wird schließlich nachgewiesen, daß es stets möglich ist, jede Funktion von Binärvariablen entweder als eine Summe von Produkten oder als ein Produkt von Summen zu entwickeln.

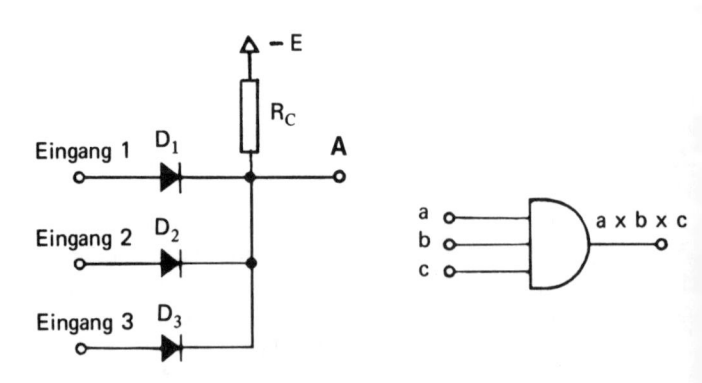

UND-Schaltkreis mit drei Eingangsdioden. Daneben symbolische Darstellung der UND-Funktion mit drei Eingangsvariablen.

Universelle Funktionen

Für den Bau von Rechnern und anderen Geräten ist es aus Rationalisierungsgründen von erheblicher Bedeutung, möglichst alle logischen Funktionen mit einem Logikbaustein und dessen Kombinationen zu verwirklichen.

Mit der NOR-Funktion (aus dem Englischen: NOT OR = NICHT ODER) als Grundschaltung lassen sich solche Systeme realisieren. Bei dieser Schaltung ist am Ausgang nur dann der Zustand 1, wenn WEDER an einem NOCH am anderen Eingang der Zustand 1 herrscht. Ein 0-Signal an den beiden Eingängen bewirkt also ein 1-Signal am Ausgang (und umgekehrt). Man hat damit eine Komplement(NICHT-)Funktion, einen Inverter. Die Zeichnung auf Seite 98 zeigt das Schaltbild eines mit Transistoren realisierten NOR-Schaltkreises. Man stellt am Ausgang nur dann eine negative Spannung (1-Zustand) fest, wenn beide Transistoren gesperrt sind, d. h. wenn an ihrer Basis eine Null-Spannung (0-Zustand) anliegt. Wird nur an einen Eingang eine negative Spannung angelegt, dann bleibt der zweite Transistor gesperrt (d. h. an seinem Eingang herrscht 0-Zustand), und damit herrscht auch am Ausgang des ganzen Schaltkreises 0-Zustand: Der Schaltkreis funktioniert als Inverter (s. S. 91).

Die ODER-Funktion kann mit zwei NOR-Gliedern dargestellt werden: Verbindet man den Ausgang eines NOR-Schaltkreises mit den Eingängen eines zweiten, dann wird am Ausgang des zweiten NOR-Gliedes der 1-Zustand erzeugt, wenn an einem der beiden Eingänge des ersten Gliedes ein 1-Signal anliegt.

Aus drei NOR-Gliedern kann man einen UND-Schaltkreis machen: Die Ausgänge von zwei als Inverter geschalteten Gliedern werden mit je einem Eingang eines dritten Gliedes verbunden. Am Ausgang des gesamten Schaltkreises entsteht nur dann der 1-Zustand, wenn an den Eingängen der beiden ersten NOR-Glieder der 1-Zustand herrscht.

Man kann also mit NOR-Schaltungen alle logischen Funktionen verwirklichen.

Eine weitere universelle Funktion ist die NAND-Funktion (aus dem Englischen: NOT AND = NICHT UND): $f = a' + b' = (a \times b)'$. Sie wird indes in der Praxis weniger häufig ver-

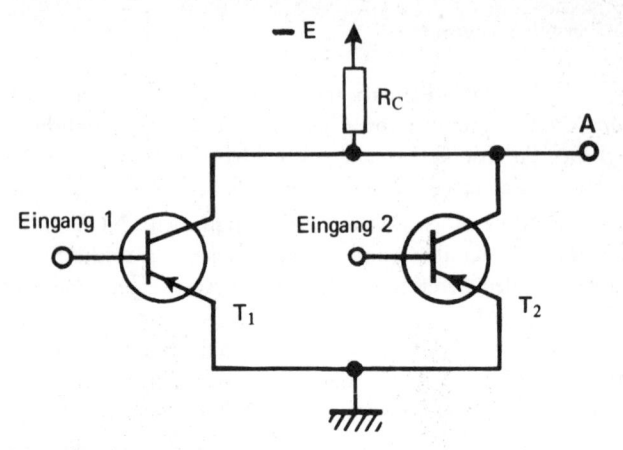

NOR-Schaltkreis mit Transistoren.

wendet. Aus der NOR- wird eine NAND-Funktion und umgekehrt, wenn die elektrische Darstellung der Zustände 0 und 1 in den Schaltkreisen vertauscht wird (s. S. 95).

Kippschaltungen
Neben den logischen Schaltkreisen werden Impulsschaltungen oft auch als Kippschalter (Multivibratoren) eingesetzt. Sie bestehen aus zwei Transistoren, und ihr Prinzip ist hauptsächlich die Verbindung der Basis des einen mit dem Kollektor des anderen und umgekehrt. Bei diesen Kippern gibt es drei Typen: bistabile, monostabile und astabile.

Das Schaltbild auf Seite 101 zeigt einen bistabilen Multivibrator. Er hat seinen Namen »Eccles-Jordan« von zwei englischen Physikern, die diese Schaltung Anfang des 20. Jahrhunderts mit Vakuumröhren verwirklicht hatten. Dieser Multivibrator hat zwei stabile elektrische Zustände: T_2 leitet und T_1 ist gesperrt; T_2 ist gesperrt und T_1 leitet. Im ersten Fall ist das Potential des Kollektors von T_2 (bei A_2) nahe Null (denn T_2 ist leitend), damit ist das Potential der Basis von T_1 auch nahe Null. Der Transistor T_1 ist deshalb gesperrt und sein Kollektorpotential (bei A_1) ist nahe $-E$. Durch die Widerstände R und R' ergibt sich an B_2 ein Potential, das genügend negativ ist, um T_2 durchzuschalten: Die Position ist stabil. Um den Kreis auf die zweite

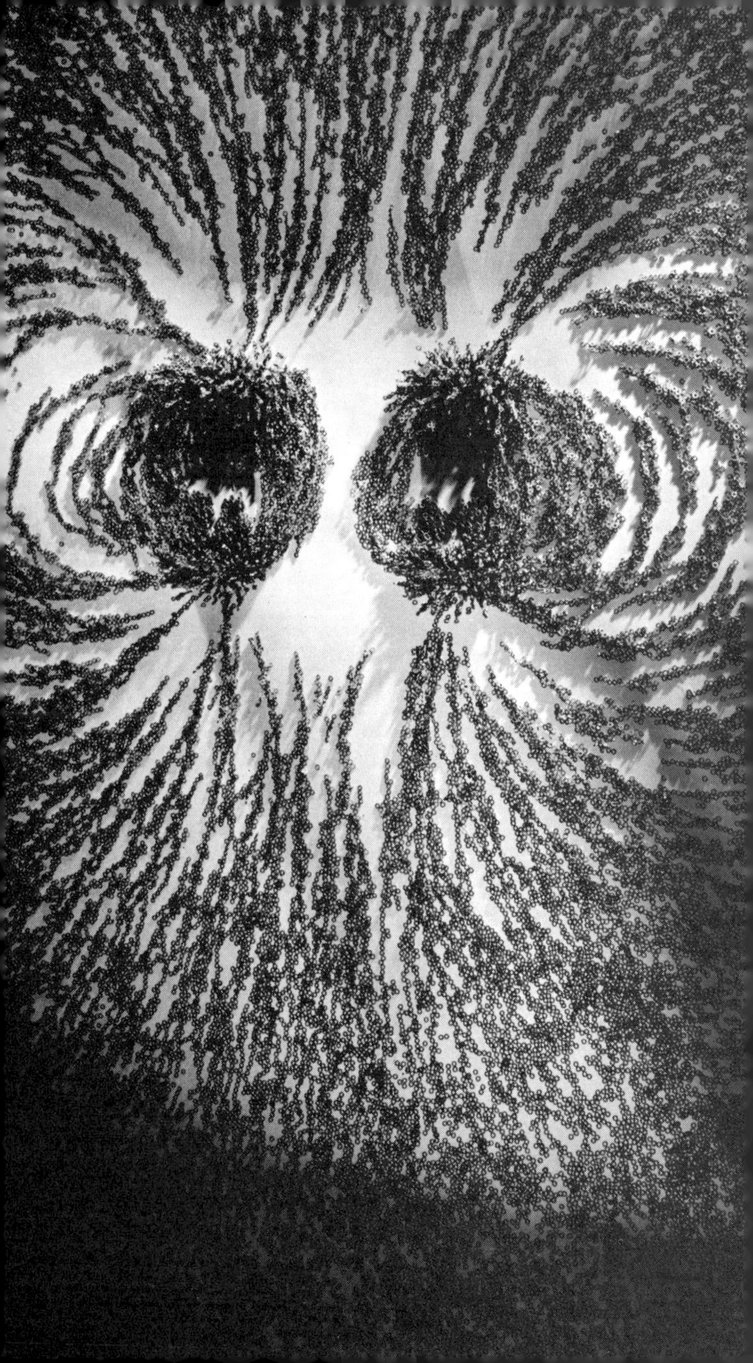

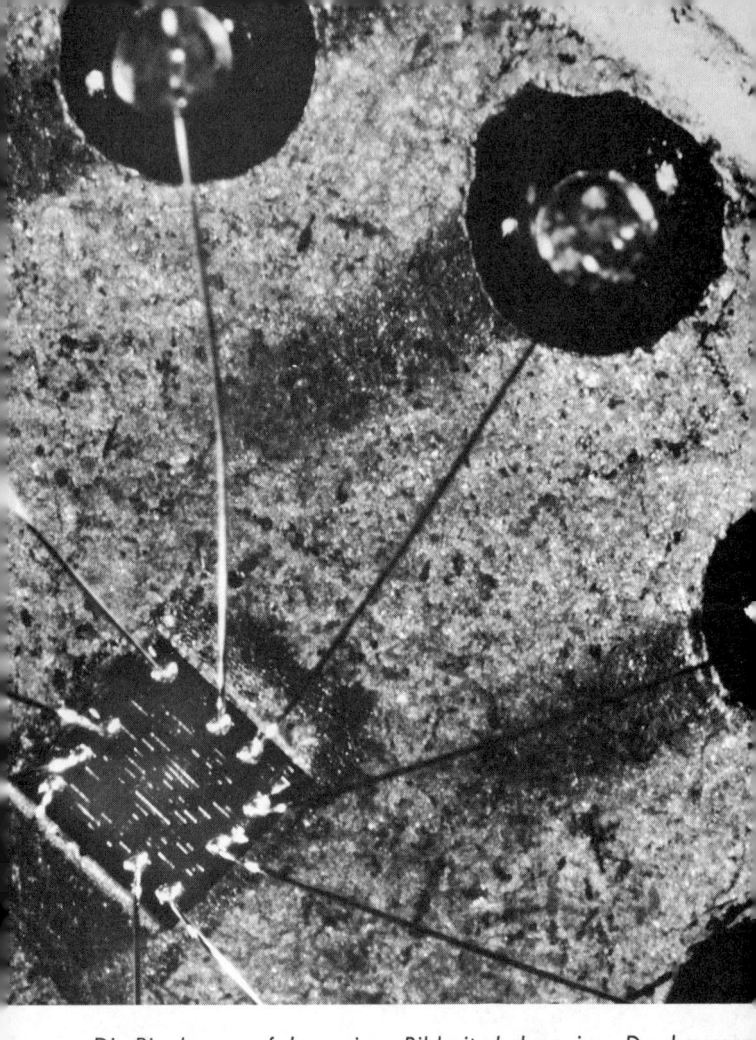

Die Ringkerne auf der vorigen Bildseite haben einen Durchmesser von weniger als einem Millimeter und speichern die Informationen, mit denen ein Computer arbeitet. Zu Hunderttausenden sind sie in Arbeitsspeichern versammelt. Sie sind magnetisch und formieren sich im Kraftfeld eines Hufeisenmagneten zu bizarren Mustern. – Im Bild oben die Mikroaufnahme eines kontaktierten Verstärkerbausteins. Der quadratische Kristall-»Chip« hat eine Kantenlänge von 0,85 mm.

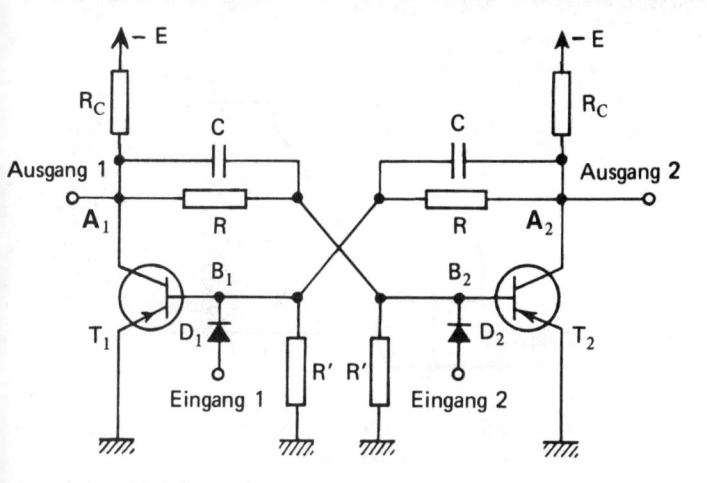

Bistabiler Multibrator mit Transistoren. Die Kondensatoren C dienen der raschen Übertragung der Potentialänderungen von A_1 nach B_2 und von A_2 nach B_1.

Position zu kippen, muß durch den Eingang 2 ein Null-Spannungs-Impuls auf B_2 geführt werden: Dann ist die Diode D_2 in Betrieb und T_2 wird gesperrt. Das Potential von A_2 verringert sich bis $-E$ und führt somit durch R und R' das Potential von B_1 auf einen Wert, der genügend negativ ist, um T_1 durchzuschalten. Das Potential von S_1 steigt nun bis zu einem Wert, der nahe 0 ist, während das Potential von B_2 bei einem sehr niedrigen Wert bleibt und T_2 sperrt, nachdem der nach B_2 gesendete Impuls aufgehört hat. Gibt man jetzt einen Null-Spannungsimpuls auf den Eingang 1, so wird der Kreis erneut kippen. Sendet man gleichzeitig Null-Spannungsimpulse auf beide Eingänge, so kann man den Kreis alternativ von einer Position in die andere kippen. Wir bemerken, daß die Zustände der Ausgänge 1 und 2 komplementär sind, und daß die logische Funktion des bistabilen Kippers entsprechend dem Schema auf Seite 102 analysiert werden kann, weil die Verbindung eines Transistors und zweier paralleler Kreise an der Basis (Diode D und Widerstand R) einen NOR-Schaltkreis ergibt.

Ein bistabiler Multivibrator (auch Flipflop genannt, der Name deutet das Hin und Her der beiden elektrischen Zustände an)

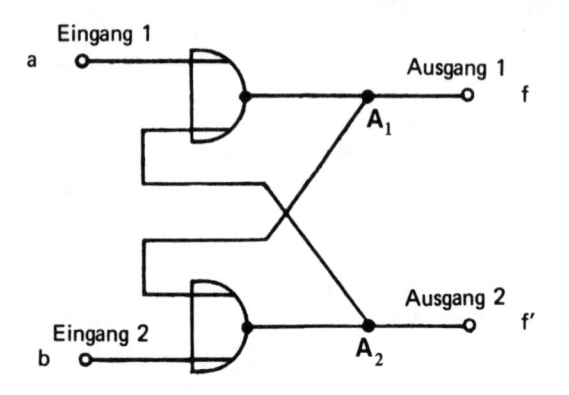

Logische Funktion eines bistabilen Multivibrators durch Koppelung von zwei NOR-Funktionen.

kann auch als »elektronisches Gedächtnis« eingesetzt werden, denn die Schaltung speichert die Information darüber, an welcher ihrer Eingänge zuletzt der 1-Zustand anlag. – Unter der Vereinbarung, daß eine Null-Spannung den 1-Zustand charakterisiert und eine negative Spannung den 0-Zustand kennzeichnet, ergibt sich folgender Vorgang:

Wird (s. Schaltbild Seite 101) an beiden Eingängen eine negative Spannung angelegt, dann bleiben die Dioden gesperrt, an beiden Eingängen herrscht 0-Zustand. Gibt man hingegen auf die Eingänge 1 und 2 entweder ein 1- oder ein 0-Signal, so erhält man an den Ausgängen die in der Tabelle aufgezeichneten Zustände (a, b, f und f′ entsprechend den Eingängen und Ausgängen im obenstehenden Schema):

a	b	f	f′	*Bedeutung*
0	1	1	0	Zustand im Augenblick des Signals an b f
0	0	1	0	Stabiler Anzeige-Zustand f
1	0	0	1	Zustand im Augenblick des Signals an a f′
0	0	0	1	Stabiler Anzeige-Zustand f′

$a = 0$, $b = 1$ bedeutet, daß in diesem Augenblick ein Null-Spannungsimpuls auf den Eingang gegeben wird (wodurch der Kreis gekippt und das Potential von A_1 auf einen Wert von nahe Null gebracht wird: $f = 1$). Hat der Impuls aufgehört, so kommt man zu den Zuständen $a = 0$, $b = 0$ zurück, aber f bleibt gleich 1. Für alle Zeilen der Tafel hat man folglich:
$f = (f + a)'$
$f' = (f + b)'$,
was das Schema auf Seite 102 bestätigt.

Der monostabile Multivibrator (Bild unten) ist nur in einem elektrischen Zustand stabil: T_2 leitend, T_1 gesperrt. Gibt man auf den Eingang einen Null-Spannungsimpuls, so wird der Transistor T_2 gesperrt, das Potential von A_2 verringert sich bis $-E$, wobei durch R und R' eine negative Spannung von T_1 auf die Basis B_1 gegeben wird. T_1 wird leitend. Aber diese Gleichgewichtsposition ist labil, denn nach Schwund der auf B_2 gegebenen Null-Spannung lädt sich der Kondensator C über R_2 auf, und das Potential von B_2 verringert sich, bis T_2 leitend wird. Wenn aber T_2 leitet, dann wird T_1 gesperrt, denn das Potential von A_2 kommt wieder nahe Null, und der Schaltkreis ist wieder in stabiler Position. Der monostabile Multivibrator gibt also die

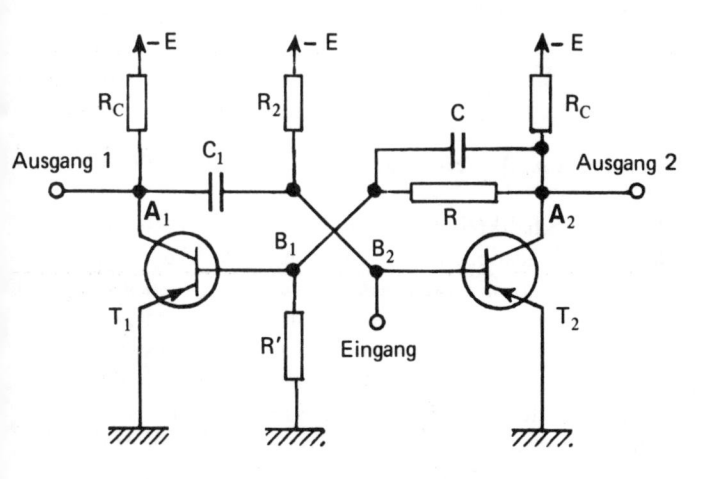

Monostabiler Multivibrator.

Möglichkeit, am Ausgang Impulse von einer bestimmten Dauer (durch R_2 und C_1 bestimmt) zu liefern, die unabhängig sind von der Dauer des Eingangsimpulses. Die Eingangsimpulse können somit regeneriert, das heißt ihre Dauer kann verändert werden. Der astabile Multivibrator (Schaltbild auf Seite 105) hat keinen stabilen elektrischen Zustand. Dieser Vibrator wirkt wie ein Oszillator, liefert aber keine Sinussignale. Da jeder der beiden Transistoren wechselweise verriegelt bzw. entriegelt ist, entstehen an den Ausgängen Rechtecksignale. Der astabile Multivibrator ist also ein Impulsgenerator.

Technische Realisierung von logischen Funktionen

Wenn entsprechend der Aufgaben einer Anlage darüber entschieden worden ist, welche elektrische Zustände die Signale 0 und 1 kennzeichnen sollen, und es damit feststeht, daß entweder NAND- oder NOR-Schaltkreise verwendet werden, dann muß festgelegt werden, auf welche Weise die Schaltkreise und ihre Verknüpfungen technisch realisiert werden. Dabei werden verschiedene Techniken eingesetzt, deren Kurzbezeichnungen von den hauptsächlich verwendeten Bauteilen (Dioden, Transistoren, Widerstände, Kondensatoren) abgeleitet werden: T steht für Transistor, D für Diode, R für Widerstand, C für Kondensator und – stets an den Schluß gestellt – L für Logik.

Schaltkreise mit Widerständen und Transistoren (RTL und TRL)

Bei diesen Schaltkreisen werden die einzelnen Stufen mit einem Widerstand gekoppelt, der damit eine logische Aufgabe bekommt. Mit solchen Schaltkreisen wurde z. B. ein großer Teil der Antennensteuerung in der Satelliten-Bodenstation in Pleumeur-Bodou, einem Dorf in der Bretagne, ausgerüstet. Die Station empfängt Signale der Satelliten Telstar und Relay. Der Vorteil der RTL- und TRL-Technik ist im Herstellungspreis (der Transistoren) und in der Zuverlässigkeit der Anlage (der Widerstand ist eines der zuverlässigsten Bauteile, das man kennt). Die Zeichnung auf Seite 106 zeigt das Prinzipschaltbild eines

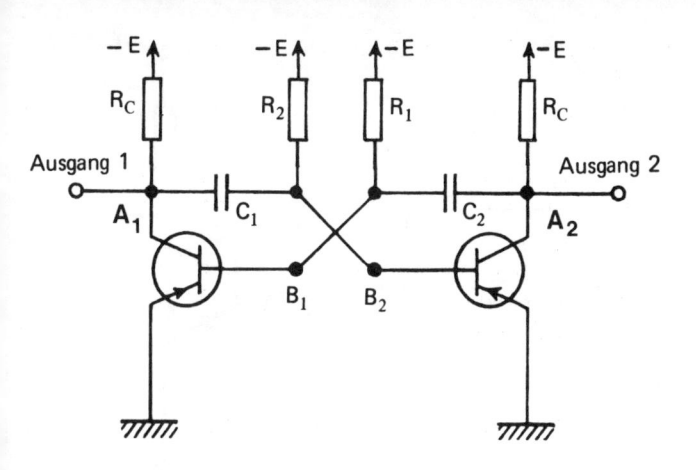

Astabiler Multivibrator.

NOR-Kreises. Die Schaltbilder und Verdrahtungspläne solcher NOR-Kreise sind kompliziert: Anzahl, Anordnung und Dimensionierung der Bauteile hängen von der Anzahl der am Eingang und am Ausgang angeschlossenen anderen Schaltkreise ab.

Schaltkreise mit Widerständen, Kondensatoren und Transistoren (RCTL)

In diesen Schaltkreisen werden die Stufen mit RC-Gliedern (Widerstände und Kondensatoren parallel geschaltet) gekoppelt. Diese Kreise sind (gleicher Transistortyp vorausgesetzt) schneller als die RTL-Kreise. Dennoch wird die RCTL-Technik selten angewandt, denn Dioden, mit denen man ebenfalls NAND- und NOR-Kreise bauen kann, sind billiger als Transistoren.

Schaltkreise mit Dioden und Transistoren (DTL)

Es handelt sich im Prinzip um RCTL-Kreise, bei denen jedoch die UND- und ODER-Schaltungen mit Dioden ausgeführt wer-

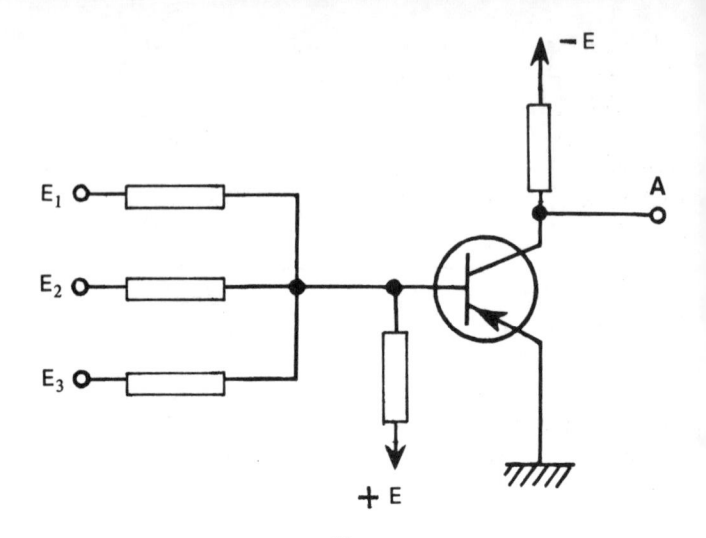

NOR-Schaltkreis mit Widerständen und Transistoren (RTL- oder TRL-Technik).

den (siehe Schaltbilder auf den Seiten 94 und 95). Für den Inverter-Kreis ist unbedingt ein Transistor erforderlich. Ein typisches Beispiel für diese Technik zeigt das Schaltbild auf Seite 107: Diese NOR-Schaltung ist aus einem ODER-Kreis mit drei Diodeneingängen und einem Transistor als Inverter aufgebaut. Die Verbindung zwischen dem ODER-Kreis und der NICHT-Schaltung stellt ein RC-Glied her. (In diesen Schaltkreisen wird der 1-Zustand durch das Nullpotential der Masse und der 0-Zustand durch das negative Potential dargestellt.)

Schaltkreise mit direkt gekoppelten Transistoren (TL)

In diesen Schaltkreisen werden die Stufen direkt (galvanisch) gekoppelt. Es werden also weder Dioden noch Widerstände oder Kondensatoren zur Koppelung benutzt. Die Widerstände haben also keine logischen Funktionen (im Gegensatz zu den RTL-Schaltkreisen), sie dienen nur dazu, um die Transistoren richtig zu polen, bzw. um deren Arbeitspunkte einzustellen. Der NOR-Schaltkreis auf Seite 98 zeigt ein Beispiel dieser Technik. Die »Transistorlogik« ist recht kostspielig, erlaubt es aber, mit nur zwei Bauteilen – diese allerdings in großer Anzahl – ganze Netzwerke aufzubauen. Gleichen Transistortyp vorausgesetzt, sind TL-Kreise schneller als RTL-Kreise, aber etwas langsamer als DTL-Schaltungen.

Netzwerke und Ausführungsbeispiele

Ein Gerät, das bestimmte logische Aufgaben zu lösen hat, wird aus einer Anzahl von logischen Grundschaltungen aufgebaut; es entsteht ein größeres Netzwerk. Die binären Signale müssen also meist viele Schaltkreise durchlaufen. Durch den Spannungsabfall an Widerständen und Dioden werden die Signale beim Passieren der RTL- oder DTL-Schaltkreise abgeschwächt. Deshalb ist es notwendig, nach einer bestimmten Anzahl von logischen Stufen einen (lokalen) Verstärker zwischenzuschalten. Hierzu verwendet man Differenzverstärker (die im vorangegan-

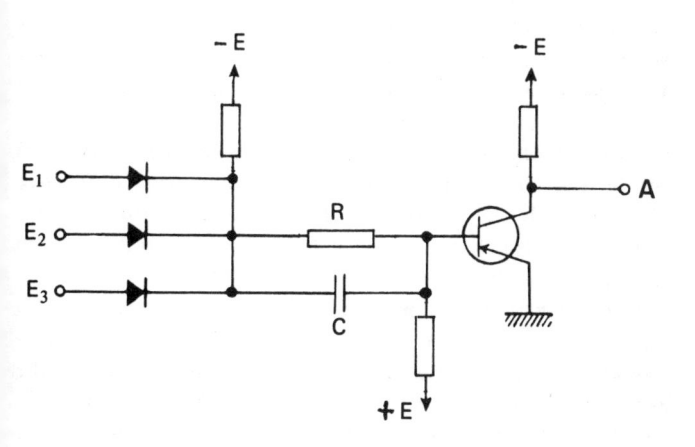

NOR-Schaltkreis mit Dioden und Transistoren (DTL-Technik).

genen Kapitel besprochen worden sind) und Leistungsverstärker, die aus direkt (galvanisch) gekoppelten Transistoren bestehen. Solche »Emitterfolger« (Darlington-Verstärker) bieten wegen ihrer kleinen Ausgangsimpedanz (siehe Seite 76) die Möglichkeit, mehrere Schaltkreise zu steuern.

Werden NOR- bzw. NAND-Schaltungen in einem Netzwerk verwendet, dann erhält man eine »verteilte« Verstärkung. Denn die als Inverter geschalteten Transistoren bewirken eine Regenerierung der Signalimpulse. (Wird ein Netzwerk nur unter Verwendung eines Typs von Schaltkreisen, eines »Moduls«, konstruiert, dann spricht man auch von »Modullogik«.) Um einen sicheren Betrieb der Netzwerke zu gewährleisten, werden bei ihrem Aufbau folgende Regeln beachtet: Der Ausgang einer logischen Schaltung kann bis zu fünf Eingänge anderer Schaltungen steuern, und die Ausgänge von bis zu fünf Schaltkreisen können zusammengefaßt werden.

Wie auch immer ein logisches Netzwerk angelegt sein mag, ein Impuls braucht immer eine gewisse Zeit, um das Netzwerk zu durchlaufen (Laufzeit). Denn die Transistoren z. B. können – entsprechend ihrem Frequenzverhalten – einen Impuls nur mit einer bestimmten Verzögerung weitergeben. Ein Rechner arbeitet also desto schneller, je geringer diese Verzögerung ist. Mit lokalen Verstärkern (siehe Seite 107) erreicht man eine konstante mittlere Verzögerung. Das erleichtert die Arbeit des Mathematikers, der sich mit der Zeitplanung und Organisation der verschiedenen logischen Operationen zu befassen hat. Die Geschwindigkeit einer Anlage kann man zusätzlich mit Parallelrechnern erhöhen, die simultan komplette Binärinformationen verarbeiten können. Da aber heute Tunneldioden (siehe Seite 113) nur noch Signalverzögerungen von einer Milliardstel Sekunde bewirken, kann man den Einsatz von Parallelrechnern auf Teilbereiche beschränken.

Um eine elektronische Anlage zu vervollständigen, werden um ihren »logischen Kern« dem Verwendungszweck der Anlage entsprechende Zusatzgeräte gebaut: Einrichtungen zur Erfassung bzw. Ausgabe von Daten, Geräte, die binäre Ergebnisse in dezimale Formen umsetzen (bei Rechenmaschinen), elektronische Zeichengeräte, Schaltorgane für elektronische Telefonzentralen, Speicher und Register von verschiedenem Fassungsvermögen

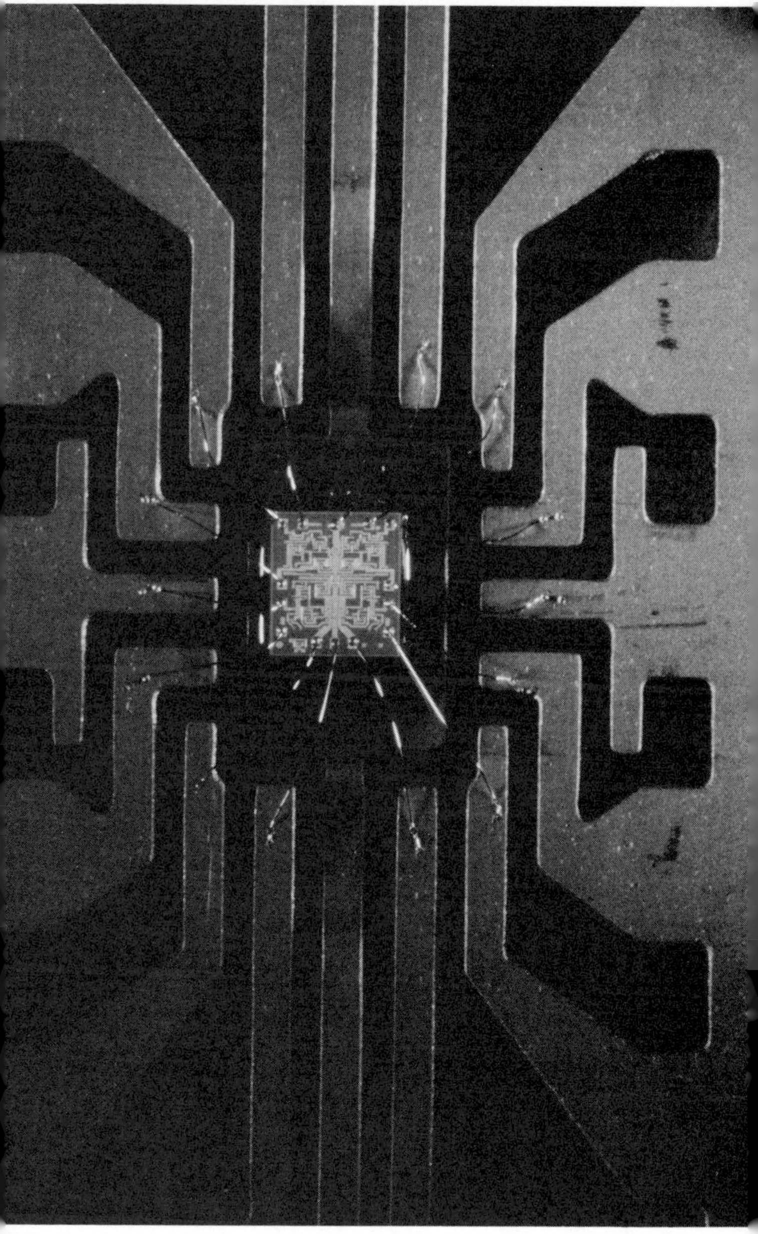

und verschiedener »Zugriffszeit« für Programme, Daten und Zwischenergebnisse.

Zwei solcher Anlagen seien hier genannt, die vom Centre National d'Etudes Télécommunications (an dem die Autoren dieses Buches arbeiten) für die Datenverarbeitung entwickelt worden sind.

Der erste Computer, dem man den Namen »Antinéa« gab, ist ein Parallelrechner mit lokalen Verstärkern. In seinen Netzwerken wurden die Grundschaltungen UND, ODER und NICHT verwendet. Es können Dateneinheiten zu je zwanzig Binärelementen verarbeitet werden; die Maschine bewältigt 100 000 logische Operationen in der Sekunde. Die Anlage besteht aus 4500 Transistoren und 9000 Dioden. Die Transistoren sind pnp-Germaniumtypen, diese Transistoren arbeiten gewöhnlich mit einer Frequenz von 8 MHz und mit einer Signalverzögerung von 0,25 μs.

Als dann ein leistungsfähigerer Rechner verlangt wurde, hat man den Computer »Ramses« entwickelt. Er ist ebenfalls ein Parallelrechner. Zu seinem Aufbau hat man als Modul die NOR-Schaltung (siehe Schaltbild Seite 107) verwendet. Es können Dateneinheiten von 32 Binärelementen verarbeitet werden; die Maschine bewältigt 60 000 logische Operationen pro Sekunde. Ihre »schnellen« Speicher haben das vierfache Fassungsvermögen der entsprechenden Speicher der »Antinéa«, die »langsamen« Speicher fassen das Doppelte. Der Computer enthält 15 000 Moduln, also 15 000 Transistoren (gleichen Typs wie in »Antinéa«) und 45 000 Dioden.

Die Forderung nach immer leistungsfähigeren Datenverarbeitungsanlagen, für deren Aufbau man eine immer größer werdende Anzahl von Bauteilen benötigt, und die Konstruktion von Erdsatelliten führten zur Entwicklung immer kleinerer und immer leichterer Elektronikbauteile. Davon wird im letzten Kapitel die Rede sein.

Bild Seite 109:
Diese schöne Mikroaufnahme zeigt einen integrierten Schaltkreis mit seinen Außenkontakten. Das Element im Mittelpunkt mißt 2 bis 4 qmm.

Weitere Halbleiterbauteile

Es gibt noch viele andere Bauteile, die dem Laien weniger bekannt sind als die Transistoren, obwohl sie alle aus Halbleitermaterialien bestehen. Es entstanden Bauelemente mit sehr verschiedenartigen Eigenschaften; ihre Anwendungsgebiete sind fast so wichtig wie die der Transistoren.

Da sind zunächst die Dioden, d. h. Bauteile mit zwei Elektroden: Punktdiode, Flächendiode, Zenerdiode, Tunneldiode, Kapazitätsdiode, pnpn-Diode. Dann gibt es eine besondere Art von Transistoren: den Thyristor und den Feldeffekttransistor, dessen Entwicklung heute einen großen Aufschwung erlebt. Schließlich ersetzen intermetallische Verbindungen das Germanium und Silizium bei Herstellung einiger dieser Bauteile und dehnen so ihren Anwendungsbereich aus. In diesem Kapitel werden wir nur einige der wichtigsten Elemente erläutern.

Punkt- und Flächen-Halbleiterdioden

Wir haben schon gesehen, daß die Dioden eine sehr bedeutende Rolle in Logischen Schaltkreisen spielten, wo man ihre Eigenschaft nutzt, je nach ihrer Polung den Strom durchfließen zu lassen oder zu sperren. Es ist auch diese Eigenschaft, die beim Gleichrichten von Wechselspannungen ausgenützt wird; man kann ein Hochfrequenzsignal demodulieren oder ganz einfach

Gleichstrom gewinnen. Sie leisten genau den gleichen Dienst wie die Vakuumdioden, bieten jedoch noch alle Vorteile der Halbleiter. Zu erwähnen wäre noch, daß Silizium-Leistungsdioden hergestellt werden, die es möglich machen, 250 A bei einer wirksamen Eingangsspannung von 600 V gleichzurichten.

Die Zener-Diode – ein Spannungsregler

Prinzip und Arbeitsweise

Im Jahre 1934 stellte der Physiker Zener fest, daß ein genügend intensives elektrisches Feld oberhalb eines bestimmten kritischen Wertes in der Lage war, die Valenzbindungen innerhalb eines Kristalls zu lösen und somit eine große Anzahl von Valenzelektronen freizugeben, wodurch der Widerstand des Kristalls erheblich verringert und der durchfließende Strom bedeutend erhöht wird. Dieser Zener-Effekt erklärt die plötzliche Erhöhung des Sperrstromes bei einer in Sperrrichtung gepolten pn-Verbindung. Der Sperrstrom steigt nun plötzlich und die entsprechende Spannung U_z wird Zener-Spannung genannt. Bei Widerstandswerten des n-Bereichs, die über $0,5 \, \Omega \cdot cm$ liegen, scheint jedoch eher die Einschaltung eines Lawineneffektes, ähnlich dem Ionisierungseffekt bei Gasen, notwendig zu sein: Die Elektronen des Reststromes – beschleunigt durch das elektrische Feld im Raumladungsgebiet – erhalten eine Geschwindigkeit, also eine Energie, die genügt, um durch Kollision den Donatoren- und Akzeptoren-Atomen Elektronen zu entreißen. Das Phänomen ist kumulativ und führt zu einer plötzlichen Verringerung des Widerstands des Übergangs.

In diesem Falle nennt man auch die Durchschlagsspannung des Überganges Zener-Spannung. Man wird bei der Wahl des Halbleitermaterials dem Silizium gegenüber dem Germanium den Vorzug geben, sowohl wegen des niedrigeren Reststromes und des steileren Durchschlages als auch wegen der Möglichkeit, bei höheren Temperaturen zu arbeiten. Die Zenerdioden sind Flächendioden, die durch Legierung einer kleinen Aluminiumkugel auf einem n-Siliziumplättchen entstehen.

Eigenschaften und Anwendungen

Das Bild auf Seite 114 zeigt die charakteristische Kurve einer Zener-Diode. Die in Durchlaßrichtung gepolte Diode zeigt die bekannte Kennlinie; die Kennlinie einer in Sperrichtung gepolten Zenerdiode weist eine charakteristische Krümmung auf, die das plötzliche Ansteigen des Stroms dokumentiert, wenn die Zener-Spannung U_z überschritten worden ist. (Das kann bis zur zerstörenden Erhitzung führen, wenn der Grenzwert überschritten wird.) Zur Zeit werden Dioden hergestellt, deren Zener-Spannungen einige bis zu 300 V betragen, bei Leistungen, die zwischen einigen Milliwatt und einigen Watt liegen.

Bei den Anwendungen wird der lineare Teil der dem Zenerbereich entsprechenden Charakteristik benutzt: Bei großen Stromschwankungen ändert sich die Spannung an den Klemmen der Diode nur sehr wenig, so daß man über eine Gleichspannungsquelle mit niedrigem Innenwiderstand verfügt. (Dieser Widerstand wird dynamischer Widerstand der Zenerdiode genannt und ist das Gefälle $\dfrac{\triangle U}{\triangle I}$ des Zenerbereichs; sein Wert liegt praktisch zwischen einigen Ohm bis zu einigen zehn Ohm.)

Man wird also Zenerdioden verwenden, wenn man stabile Gleichspannungen wünscht.

Tunneldiode oder Esaki-Diode

Prinzip der Arbeitsweise

Der Physiker Esaki entdeckte im Jahre 1958 das Prinzip der Tunneldiode. Dieses neue Bauelement erwies sich schon vom Anfang an als sehr reich an Anwendungsmöglichkeiten. Die Tunneldiode verdrängte sogar den Transistor auf dem Gebiet der sehr hohen Frequenzen (im Bereich von tausend Megahertz). Im zweiten Hauptkapitel haben wir schon gesehen, daß es beiderseits der Trennfläche der beiden Bereiche eine Zone gibt, in der kleine freie Ladungsträger zu finden sind und wo ein elek-

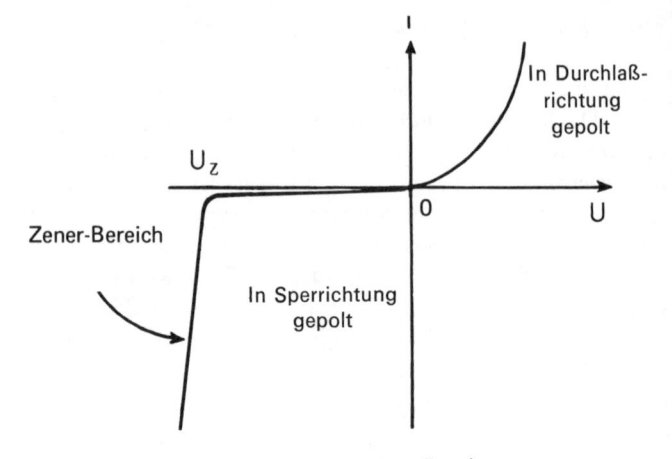

Strom-Spannungs-Kurve einer Zener-Diode.

trisches Feld herrscht, das sich bei fehlender Polarisation dem Übergang der Elektronen in den p-Bereich und der Löcher in den n-Bereich entgegensetzt. Wenn kein steiler Überhang vorhanden ist, kann die Stärke dieser Zone nur 10 nm betragen.

Sind die n- und p-Bereiche stark in dem Maße dotiert worden, daß sich ihr Verhalten dem der Metalle bei erhöhter Konzentration von mobilen Ladungsträgern nähert (und dann spricht man von entarteten Halbleitern), so stellt man fest, daß bei niedrig geführten Spannungen ein verhältnismäßig hoher Strom im Übergang entweder auf direktem Weg der Klemmen oder in der umgeschalteten Richtung fließen kann: Diese Erscheinung, die ein Quantenphänomen darstellt, hat man Tunneleffekt genannt. Sie erfolgt mit hoher Geschwindigkeit und erklärt die Funktionsmöglichkeiten bei sehr hohen Frequenzen.

Wird die Erhöhung der direkten Spannung an den Übergangsklemmen fortgesetzt, so stellt man fest, daß der Strom ein Maximum erreicht und dann abfällt (was einem Bereich von »negativem dynamischem Widerstand« entspricht, da in einem solchen Bereich die Spannungs- und Stromschwankungen in entgegengesetzter Richtung verlaufen und ihr als dynamischer Widerstand definiertes Verhältnis negativ ist), ein Minimum erreicht und danach wie bei einem klassischen pn-Übergang wieder ansteigt.

Bisher haben sich Germanium und Arsengallium als die günstigsten Materialien zur Herstellung von Tunneldioden erwiesen, wobei der steile Übergang im Legierungsverfahren ausgeführt wird. Bei den Germaniumdioden betragen die Verunreinigungskonzentrationen einige 10^{19} Atome pro cm³, was etwa 1 Donator- oder Akzeptor-Atom pro tausend Germaniumatome entspricht.

Eigenschaften und Anwendungen

Die Eigenschaften der Tunneldiode ergeben sich selbstverständlich aus ihrer charakteristischen Strom-Spannungs-Kurve (Bild Seite 116). Die Grundeigenschaft der Tunneldiode besteht darin, daß sie ein Gebiet negativen Widerstandes – R besitzt und folglich, im Gegensatz zu den üblichen Flächendioden, als Verstärkungselement und Oszillator funktionieren kann.

Sehen wir nun, wie diese Verstärkung erfolgen kann und betrachten wir zu diesem Zweck die Schaltungen im Bild Seite 119. Im Falle (a) speist ein Sinusgenerator mit der wirksamen Spannung E einen Ladungswiderstand R_1, der gleich dem Innenwiderstand des Generators ist. Beim Ladungswiderstand erhält man dann die max. Leistung von

$$P_1 = R_1 \; I_1^2 = R_1 \times \left(\frac{E}{2\,R_1}\right)^2 = \frac{E^2}{4\,R_1}$$

Im Falle (b) beträgt die erhaltene Leistung:

$$P_2 = R_1 \; I_2^2 = R_1 \left(\frac{E}{2\,R_1 - R}\right)^2$$

oder noch:

$$P_2 = \frac{E^2}{4\,R_1 \left(1 - \dfrac{R}{2\,R_1}\right)^2}$$

und man sieht schon, daß P_2 größer als P_1 sein kann, denn

$$\frac{P_1}{P_2} = \frac{1}{\left(1 - \dfrac{R}{2\,R_1}\right)^2}$$

Man hat also eine Wechselsignalverstärkung durchgeführt.

Die Charakteristik der Tunneldiode zeigt uns ebenfalls die Möglichkeiten, sie als Schaltelement zu verwenden, denn die beiden Bereiche mit positivem Gefälle entsprechen stabilen Gleichgewichtszuständen (der erste für niedrige Spannungen, die unter der »Pic«-Spannung liegen und der zweite für Spannungen, die höher als die Talspannung liegen) und sind durch das Gebiet mit negativem Gefälle eines unstabilen Gleichgewichts getrennt. Es wird also möglich sein, mit Hilfe von Spannungsimpulsen geeigneter Richtung die Diode von einem stabilen Zustand in den andern zu kippen, was äußerst schnell erfolgt (1 Nanosekunde): Die Tunneldioden sind ausgezeichnete Bauelemente für die Konstruktion von ultraschnellen logischen Schaltkreisen.

Vom Prinzip aus ist die Arbeitsweise der Tunneldiode unabhängig von den Minoritätsträgern und den Oberflächenbehandlungen und kann folglich bei Temperaturen und Nuklearstrahlungen

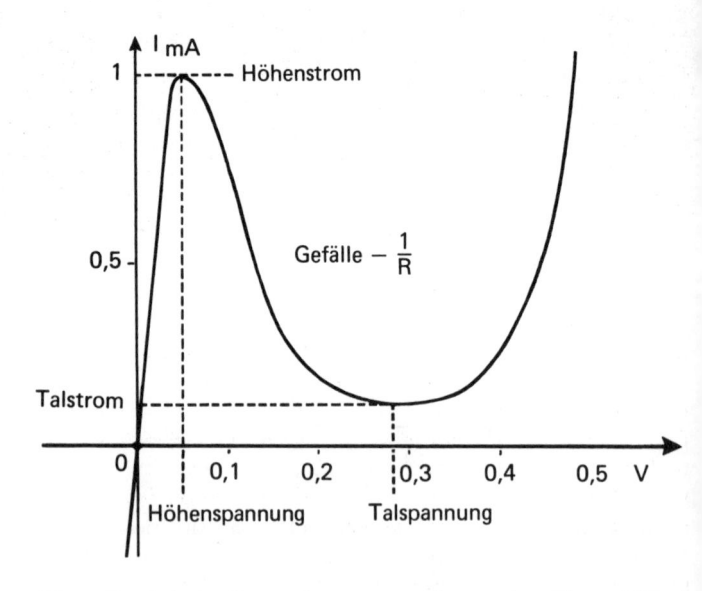

Charakteristische Strom-Spannungs-Kurve einer Tunnel-Diode aus Germanium.

Winzige Dioden von drei Millimeter »Länge« sind hier zum Vergleich auf eine Nähfadenrolle gesteckt und stark vergrößert fotografiert. Sie sind die wichtigsten Bausteine der elektronischen Programmspeicherung bei Farbfernsehgeräten. Sie übernehmen die präzisen Abstimmvorgänge für die Brillanz des Farbbildes. Auch die Umschaltung von einem Bereich auf den anderen erfolgt mit Dioden. Dadurch entfällt beim Programmwechsel jegliche Korrektur durch den Abstimmknopf. Einmal eingestellt, bleibt das Bild brillant und farbtreu.
Auf der nächsten Seite: oben im Bild hochsperrende Siliziumgleichrichterzellen für Dauergrenzströme, darunter Lawinenlaufzeitdioden in Mikrowellenoszillatoren für Richtfunksysteme.

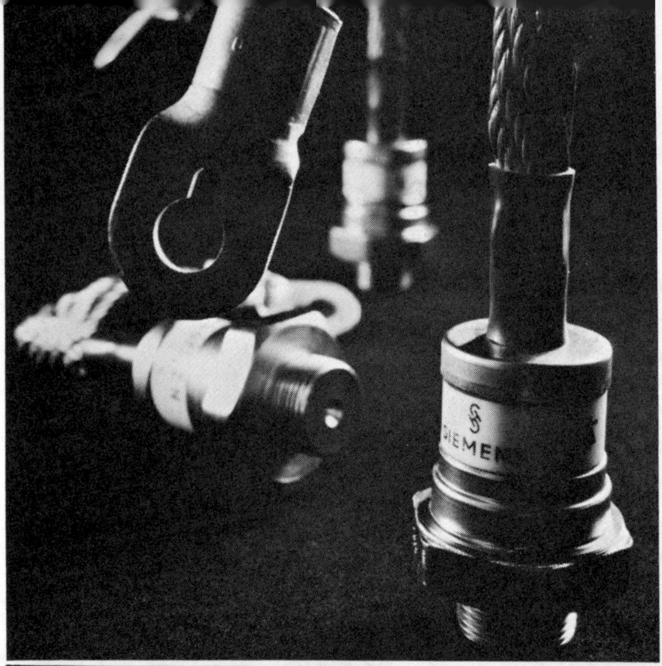

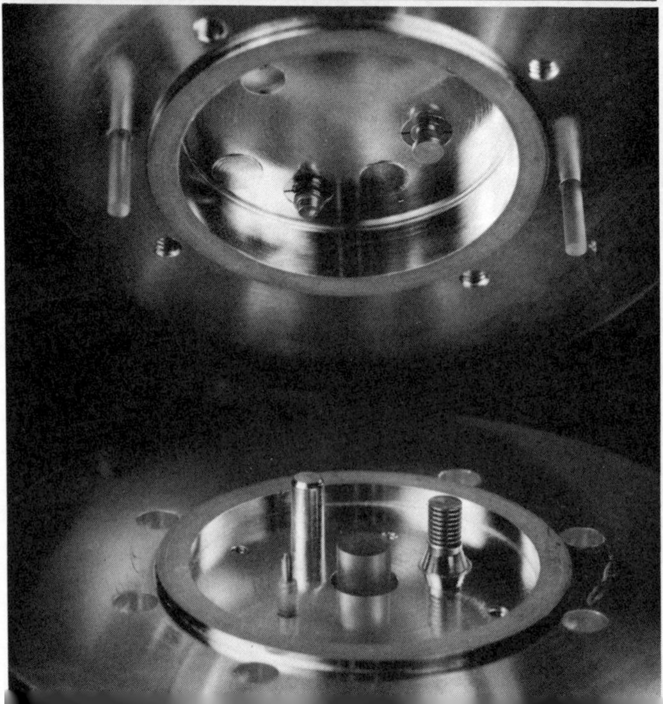

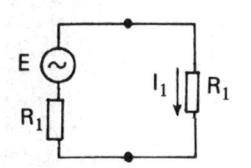

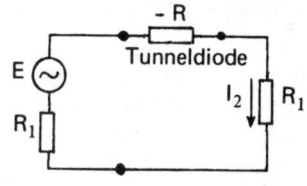

(a) Die Diode ist nicht eingefügt. (b) Die Diode ist eingefügt.

Verstärkung von Wechselsignalen mit Hilfe eines negativen Widerstandes.

erfolgen, die viel höher als die der anderen auf Halbleiterbasis beruhenden Vorrichtungen liegen. Anscheinend wird die Zuverlässigkeit wegen der Unempfindlichkeit gegen Oberflächenbehandlungen nur durch mechanisches Versagen begrenzt. All diese Tatsachen sprechen für einen großen Aufschwung der Tunneldioden im Verlauf der nächsten Jahre.

Der Thyristor oder steuerbare Gleichrichter

Der Thyristor, auch steuerbarer Gleichrichter genannt, besitzt elektrische Eigenschaften, die denen des Gasthyratrons*) ähnlich sind. Gegenüber diesem hat er aber die Vorteile eines Halbleiterbauteils aufzuweisen: Bessere Leistung, längere Lebensdauer, kleinerer Raumbedarf, tausendmal niedrigere Schaltzeit (einige $1/1\,000\,000$ Sekunden), große Strapazierfähigkeit.

---

*) Das Gasthyratron ist eine Röhrentriode, die mit verdünntem Gas gefüllt ist. Wird das Potential der Anode im Verhältnis zur Kathode allmählich gesteigert, so entsteht bei einem bestimmten Wert dieses Potentials ein Kumulativ-Ionisierungseffekt, der zum plötzlichen Zusammenbruch des Widerstandes führt und die Röhre zum Leiter macht; sie »zündet«. Das negative Potential des Gitters erlaubt es, die Zündspannung des Thyratrons zu kontrollieren.

Prinzip der Arbeitsweise

Der Thyristor besteht aus zwei aufeinanderfolgenden pn-Übergängen. Man sagt, daß er eine pnpn-Struktur besitzt (Bild auf Seite 121). Das Herstellungsprinzip ist folgendes: Auf einem Siliziummonokristallplättchen wurde durch Diffusion eine pnp-Struktur aufgedampft. Darauf entsteht der dritte Übergang durch Antimongoldlegierung. Die Steuerelektrode wird nun auf die p-Zwischenzone gelötet und ergibt einen Ohmschen Kontakt (Aluminiumdraht) (Bild auf Seite 122).

Man kann die Arbeitsweise besser verstehen, wenn man den Thyristor als aus drei Übergängen (pn, np und pn) oder als aus zwei Transistoren (pnp und npn) bestehend betrachtet.

Nehmen wir zunächst den Fall, in dem die Anode ein negatives Potential im Verhältnis zur Kathode aufweist: Dann sind die zwei äußersten Übergänge gesperrt, das Element verhält sich wie eine in Sperrichtung gepolte Diode, es fließt nur ein sehr schwacher Sperrstrom, und die Steuerelektrode hat praktisch keine Wirkung. Oberhalb einer gewissen Spannung (die bei einigen Typen 600 V erreichen kann) steigt der Strom plötzlich, und es entsteht im allgemeinen eine zerstörende Wirkung.

Nehmen wir jetzt den Fall, in dem die Anode ein positives Potential im Verhältnis zur Kathode aufweist, wobei die Steuerelektrode nach oben zeigt. Jetzt ist es der mittlere np-Übergang, der gesperrt ist; es fließt nur ein sehr schwacher Sperrstrom vom mittleren Übergang.

Die äußeren p- und n-Enden des Thyratrons wirken jedoch als Emitter und injizieren in dem Maße wie die Anode-Kathode-Spannung steigt, mehr und mehr Löcher in den n-Bereich bzw. Elektroden in den p-Bereich. Durch Kollision entreißen diese Löcher und diese Elektronen dem Kristallnetz weitere Löcher und weitere Elektronen. Bei einer gewissen Spannung U_{BO} entsteht durch Multiplikation der Ladungsträger im mittleren Übergang ein kumulativer Lawineneffekt: Die Stromverstärkung der beiden pnp- und npn-Strukturen wird höher als 1, der mittlere Übergang, der gesperrt war, wird wieder geöffnet, und das Thyratron verhält sich nun ähnlich einer einzigen in Flußrichtung gepolten Diode. Erhält jetzt die Steuerelektrode ein positives Potential relativ zur Kathode, um den Übergang, den sie bilden,

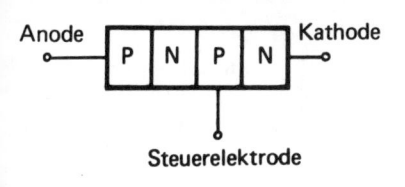

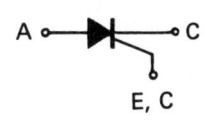

Struktur und Schaltzeichen eines Thyristors.

in Flußrichtung zu polen, dann erfolgt der gleiche Lawineneffekt – jedoch für eine Anode-Kathode-Spannung, die um so niedriger ist, je größer der in die Steuerelektrode injizierte Strom ist. Das Bild auf Seite 123 zeigt die charakteristischen Kennlinien. Hat der Thyristor »gezündet«, so hat die Steuerelektrode keine Wirkung mehr auf den direkten Strom. Will man den Thyristor abschalten, so ist es notwendig, die Anode-Kathode-Spannung zu annullieren. Ein einfacher Impuls positiver Spannung, der auf die Steuerelektrode gegeben wird, genügt also, um den bei einer unter U_{BO} liegenden Spannung gepolten Thyristor zu »zünden«.

Anwendungen

Bei einer niedrigen Steuerleistung (der Steuerstrom beträgt einige zehn mA und die Kathode-Elektrode-Steuerspannung einige Volt) hat man also die Möglichkeit, den Thyristor vom gesperrten Zustand in den leitenden Zustand zu überführen, wo der direkte Strom für die Leistungsthyristoren 350 A und die Spitzenspannung 1200 V erreichen können.

Bei allen Energiesystemen findet das Halbleiterthyratron ein umfangreiches Anwendungsgebiet: Regelung, Schaltung, Trennkreise, Umwandlung von Gleichstrom in Wechselstrom, Schutzvorrichtungen usw. Das Halbleiterthyratron ersetzt auch vorteilhaft das Gasthyratron und den Quecksilberdampfgleichrichter.

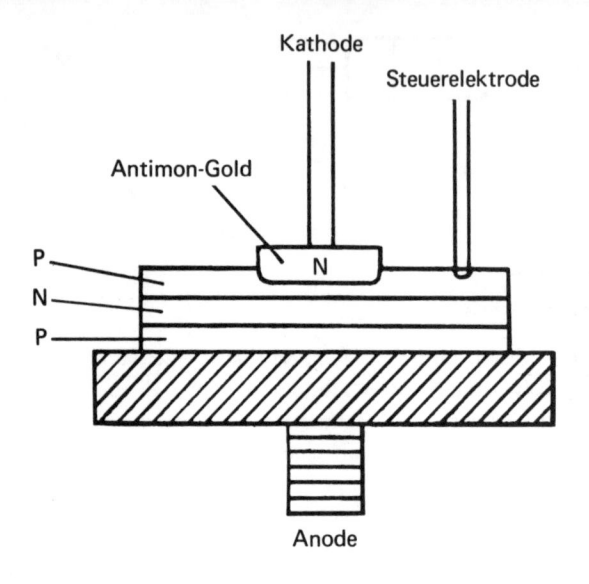

Aufbau eines Thyristors aus Silizium.

Feldeffekttransistor

Prinzip der Arbeitsweise

Der Feldeffekttransistor wird auch Unipolartransistor genannt und basiert auf einem Effekt, der im Jahre 1928 durch Lilienfeld entdeckt wurde, ohne jedoch vor 1952 praktische Anwendung zu finden. Es war der Amerikaner W. Shockley, der als erster seine Arbeitsweise beschrieb. Die Arbeitsweise des Unipolartransistors ist grundverschieden von der der pnp- oder npn-Transistoren, die man auch bipolare oder Injektionstransistoren nennt. In diesen Transistoren erfolgt der Transport des Stroms durch negative und positive Ladungsträger. In einem Feldeffekttransistor (FET) liegt ein n-leitender Halbleiter (Kanal) im Innern eines p-leitenden Zylinders oder zwischen zwei p-leitenden Schichten.

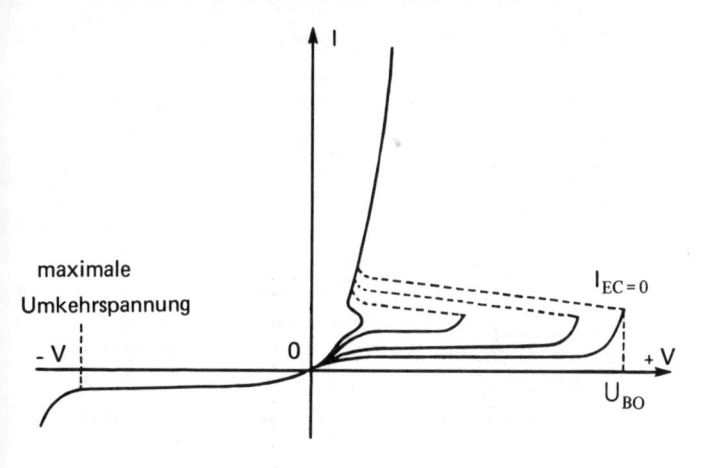

Kennlinien eines Thyristors.

Der Kanal ist an beiden Enden mit sperrschichtfreien Ohmschen Kontakten versehen, die mit S (vom engl. Wort »source = Quelle) und D (vom engl. Wort »drain« = Abfluß) bezeichnet werden. Normalerweise kann also ein Strom von S nach D fließen. Legt man an die mit den p-Schichten (oder mit der p-Ummantelung) verbundene Klemme G (vom engl. »gate« = Tor) eine Spannung an, dann entsteht ein senkrecht zur Stromrichtung verlaufendes elektrisches Feld, das in den Kanal eindringt. In Abhängigkeit von der Stärke dieses Feldes wird der (elektrische) Querschnitt der Leiterbahn von S nach D verändert: vergrößert, verkleinert oder völlig »abgeschnürt«. In letzterem Fall berühren sich die p-leitenden Sperrschichten und es fließt von S nach D kein nennenswerter Strom mehr. Die Dichte der Elektronen im Kanal zwischen S und D wird also allein durch Veränderung der an G angelegten Spannung gesteuert.

Im Normalbetrieb (man nimmt das Potential an S als Bezugs-Potential), wird eine Spannung $U_D > 0$ auf die Klemme D und eine Spannung $-U_G < 0$ auf den Gate-Anschluß gegeben. Das im p-Bereich entstehende elektrische Feld hat eine bestimmte Form (siehe Bild Seite 124 unten links), denn auf der Seite der

Klemme D ist $U_G + U_D$ wirksam, auf der Seite der Klemme S wirkt sich nur U_G aus. Bei einem bestimmten Wert $U_P = U_D + U_G$ wird die »Abschnürgrenze« erreicht (siehe Bild Seite 124 unten rechts) und im Kanal fließt praktisch kein Strom mehr.

Die Zeichnung auf Seite 125 zeigt einen Ausschnitt aus der Kennlinienschar eines Feldeffekttransistors mit den Kurven verschiedener Gatespannungen (U_G). In dem Bereich links der »Abschnürgrenze« ($U_D + U_G = U_P$) verhält sich der Widerstand des Kanals wie ein Ohmscher Widerstand. In diesem »Ohmschen Bereich« arbeitet der Feldeffekt- oder Unipolartransistor wie ein steuerbarer Widerstand. Nach Erreichen der Abschnürgrenze durch Erhöhung von U_P ist der Transistor »gesperrt«. Der FET (oder Unipolartransistor) hat also ähnliche Funktionsmerkmale wie eine Röhrenpentode.

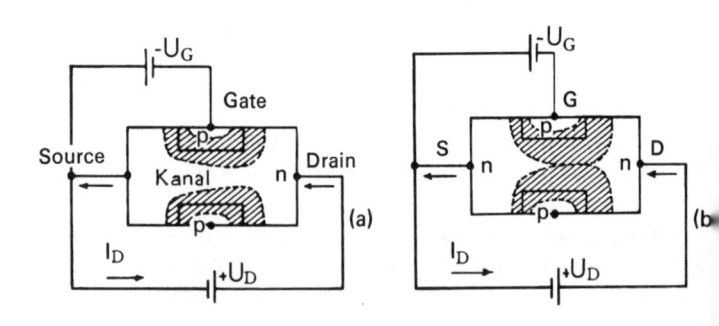

Schematischer Querschnitt durch einen Feldeffekttransistor. Die Schraffur zeigt das elektrische Feld, wenn
  (a) $U_D + U_G < U_P$ (Ohmscher Bereich)
und (b) $U_D + U_G > U_P$ (Abschnürbereich).
Die beiden Bereiche p haben das gleiche Potential.

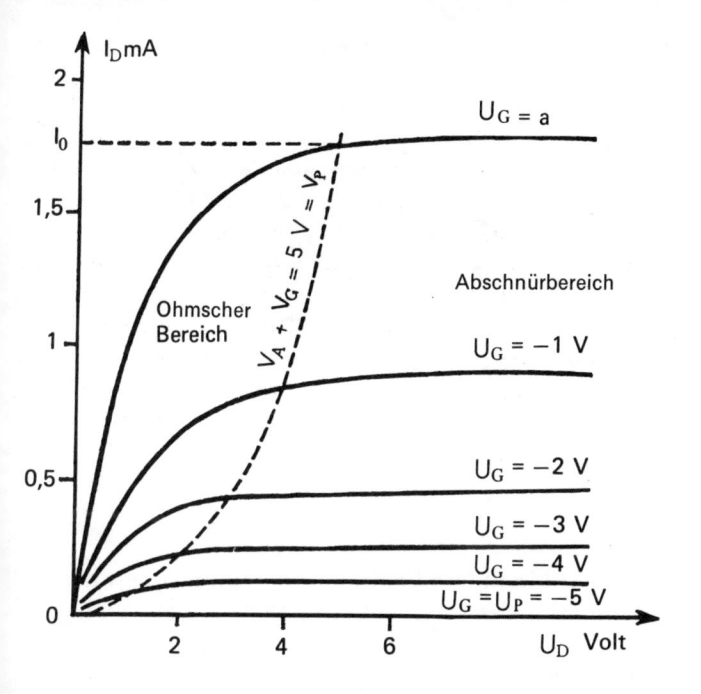

Ausschnitt aus der Kennlinienschar eines Feldeffekttransistors.

Praktische Ausführungen und Anwendungen

Feldeffekttransistoren werden meist in zwei äußeren Formen hergestellt: flach oder zylindrisch. Das Bild auf Seite 126 zeigt einen Querschnitt durch einen amerikanischen (Firma Amelco) Unipolartransistor in flacher Ausführung. Der Gatekontakt hat die Form eines Bands, das den Drainkontakt umläuft und dieser ist wiederum vom Sourcekontakt umschlossen.

Die Menge der Ladungsträger in einem Halbleiterkanal kann auch verändert werden, wenn man über einen Metallkontakt eine Spannung an eine Oxydschicht anlegt. Das geschieht bei einer anderen Ausführung eines Feldeffekttransistors, beim

125

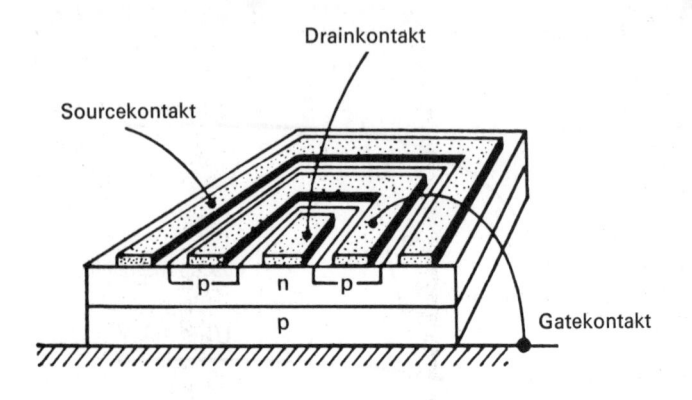

Schnittschema eines Unipolar- oder Feldeffekttransistors, Typ Amelco FG 37.

MOSFET (Metall-Oxyd-Silizium-Feldeffekttranistor). Das Bild auf Seite 129 zeigt den prinzipiellen Aufbau dieser MOSFET. Unipolartransistoren können als Verstärker, als Oszillatoren oder als Schalter eingesetzt werden.

Vergleich zwischen dem Unipolartransistor und dem Injektionstransistor

Nachfolgend fassen wir die Hauptunterschiede zwischen den beiden Transistortypen zusammen:

Eingangswiderstand – Der Feldeffekttransistor hat einen hochohmischen Eingang.
Bipolare oder Injektionstransistoren haben einen niedrigohmigen Eingang.

Arbeitsweise – Der Unipolartransistor ist spannungsgesteuert, es entsteht praktisch kein Bedarf an Steuerstrom, also kann das Bauteil für »leistungslose Steuerungen« verwendet werden.

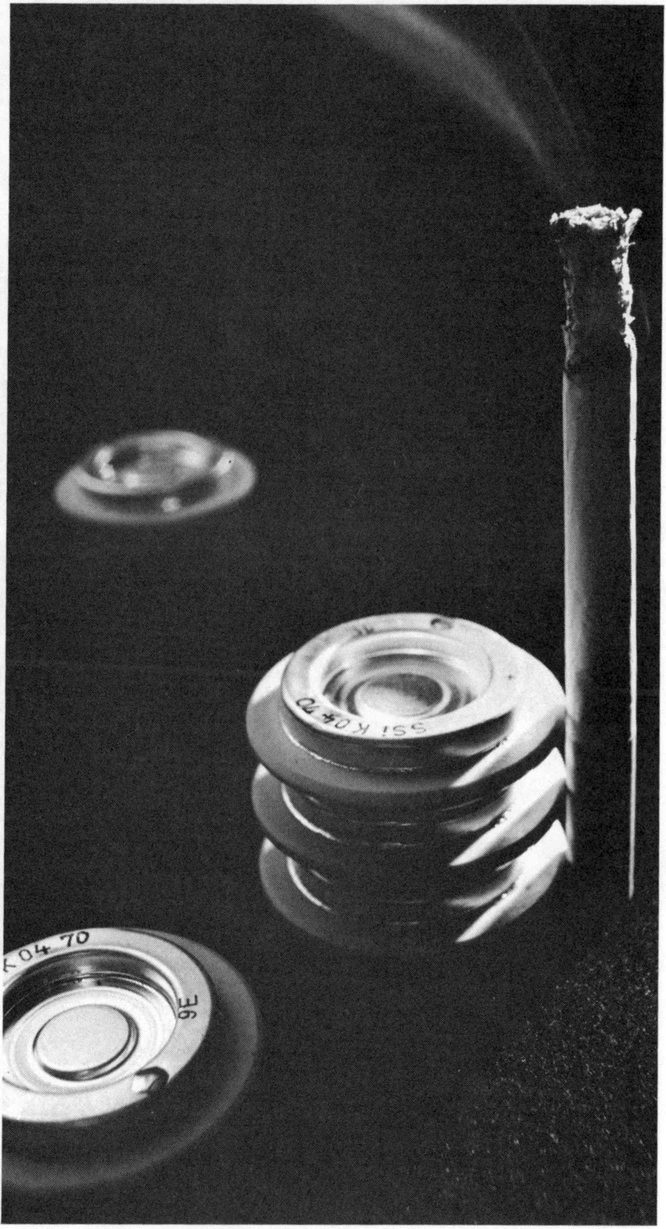
K04 70

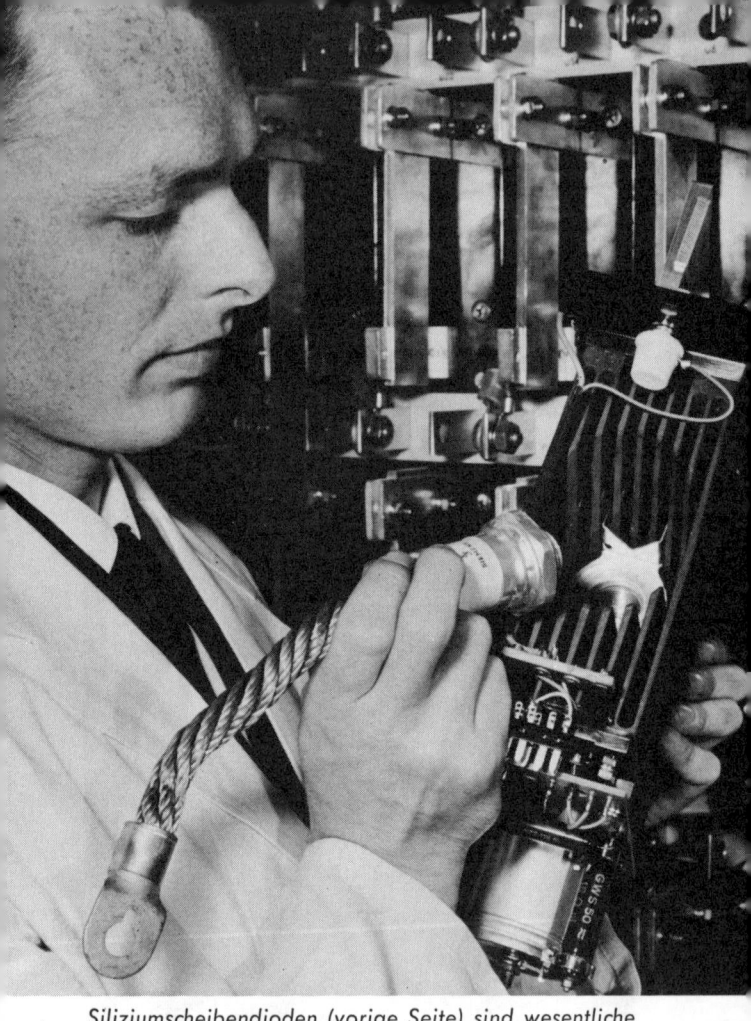

*Siliziumscheibendioden (vorige Seite) sind wesentliche
Bestandteile in modernen Gleichrichteranlagen. Sie funktionieren
wie Ventile: in einer Richtung lassen sie Strom fließen, in der
anderen sperren sie ihn – so wird Wechselstrom zu Gleichstrom. –
Ein Silizium-Thyristor von Siemens wird hier in eine transportable
Stromrichtereinheit für CERN in Genf gebaut. Die Auswirkungen
der technischen Revolution, die diese Bausteine der Leistungs-
elektronik bewirkt haben, überblicken selbst die Experten noch
nicht.*

Die bipolaren Transistoren benötigen einen Steuerstrom.
Ausgangswiderstand – Der Ausgang des Unipolartransistors ist hochohmig.

Der *Ausgangswiderstand* der Injektionstransistoren ist ebenfalls hoch, erreicht aber nicht die Werte der Feldeffekttransistoren. Zudem ist – abhängig von der Kollektorspannung – der Ausgangswiderstand der bipolaren Transistoren Änderungen unterworfen.

Weitere Vorteile der Feldeffekttransistoren – Die Eingangskapazität ist gering, ebenfalls das Eigenrauschen. Dank seiner den Röhren ähnlichen Verstärkereigenschaften verursacht der Feldeffekttransistor nur geringfügige Signalverzerrungen. Schließlich ist der Unipolartransistor weniger empfindlich gegen (Neutronen-)Einstrahlung als der Injektionstransistor.

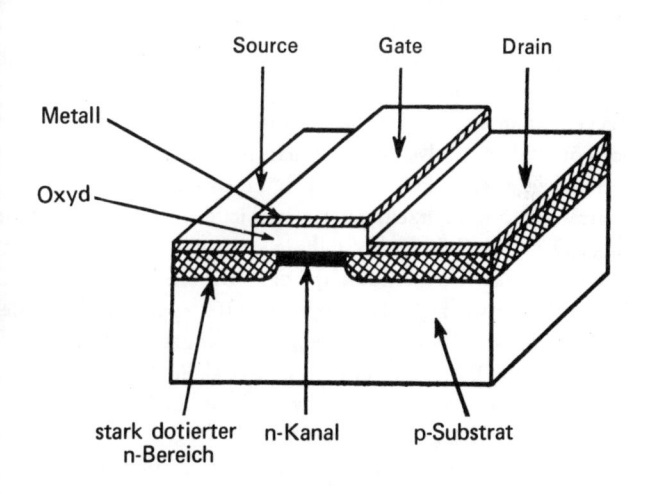

Schnittschema eines anderen Feldeffekttransistors bzw. Unipolartransistors, wie er in den USA als Metalloxydsiliziumtransistor entwickelt wurde, auch MOSFET genannt.

Die intermetallischen Verbindungen

Bei der Herstellung der bisher besprochenen Transistorarten ging man von einem reinen chemischen Element (Germanium oder Silizium) als spezifischem Halbleitermaterial aus. Durch Kombination eines reinen dreiwertigen chemischen Elements mit einem fünfwertigen Element erhält man ebenfalls Halbleitereigenschaften, da jedes »Loch« des dreiwertigen Elements durch ein Elektron des fünfwertigen Elements »gefüllt« wird. Einige dieser Kombinationen bieten neue Möglichkeiten zur Lösung des Problems der Wärmeableitung bzw. Leistungsverbesserungen bei Hochfrequenzanwendungen. Unter den verschiedenen Verbindungen, die bisher untersucht wurden (Indiumantimonlegierung InSb, Phosphorindium InP, Arsenindium InAs, Arsengallium GaAs, Phosphorgallium GaP und Aluminiumantimon AlSb) führten nur das Antimonindium und das Arsengallium zu interessanten praktischen Ausführungen. Daß die maximale Betriebstemperatur –196° beträgt, ist eine ernste Begrenzung der Anwendungsmöglichkeiten des Antimonindiums, das theoretisch interessante Arbeitsmöglichkeiten bei Hochfrequenzen hätte. Die Transistoren, die man bisher herstellen konnte, arbeiten nur bei der Temperatur des flüssigen Stickstoffes, was selbstverständlich den Betrieb der Schaltkreise erheblich kompliziert.

Dagegen kann man bei Arsengallium bis 400° C gehen (also noch höher als mit Silizium) und man hat auf diese Weise Transistoren hergestellt, die die gleichen Eigenschaften wie die Siliziumtransistoren besitzen, aber verschiedene andere Nachteile haben. Die Tunneldiodenherstellung stellt ein interessantes Anwendungsgebiet dieses Materials dar: Erhöhung des Spitzenstromverhältnisses zum Talstrom von 10 (typischer Wert des Germaniums) auf 30 und sogar 40, Ausdehnung des Spannungsbereichs bis zu 1 V. Als Ausgangsmaterial dieser Dioden wird zinkdotiertes p-Arsengallium verwendet und der Übergang wird durch reine Zinklegierung ausgeführt.

Man ist noch weit davon entfernt, die durch die intermetallischen Verbindungen gebotenen Möglichkeiten ausgeschöpft zu haben. In den nächsten Jahren werden sie zweifelsohne einen bedeutenden Aufschwung erfahren.

Die Miniaturisierung

In diesem Buch über die Transistoren erschien es uns angebracht, zum Schluß noch die Suche nach dem immer Kleineren zu erwähnen, die durch die Halbleiter wesentlich gefördert wurde. Es ist nichts Neues, denn schon vor dem letzten Krieg, besser gesagt seit der Einführung des Rundfunks hat man sich immer wieder bemüht, das Volumen und das Gewicht der Geräte zu verringern. Es kam zu den verschiedenen Etappen der Miniaturisierung und der Subminiaturisierung. Bei dieser Verringerung des Raumbedarfes waren die Vakuumröhren ein Hindernis, denn selbst als man Subminiaturröhren verwenden konnte (Durchmesser in der Größenordnung eines cm und Längen von 1–2 cm), behinderte die Wärmeabgabe die Unterbringung einer großen Anzahl von Bestandteilen in einem kleineren Raum. Dann kamen zum Glück die Transistoren und brachten das kleine aktive Bauelement, das wenig Energie verbraucht und wenig Wärme erzeugt. Gleichzeitig entwickelten sich zwei Gebiete, die zu der Mikrominiaturisierung wesentlich beitrugen: Die Rechenmaschine, deren wachsender Ausbau eine immer größer werdende Anzahl von Bestandteilen verlangte, die Raketen und danach die Satelliten, deren Erfordernisse nach niedrigem Gewicht und geringem Verbrauch den Einsatz von Mikrominiaturhalbleiterkreisen notwendig machten.

Die Mikrominiaturisierung bietet noch andere Vorteile, die nicht weniger wichtig sind als die Reduzierung des Raumbedarfs: Verbesserung der Zuverlässigkeit (lebenswichtig für die Satelliten und die Raumschiffe) durch herabgesetzte Zahl der Zwischenschaltungen; Möglichkeit einer automatisierten Herstellung und folglich Massenproduktion, d. h. weniger Personal und niedrigere Herstellungspreise.

Bei der Klassifizierung der verschiedenen Methoden, die man entwickelt hat, unterscheiden wir zwischen drei Haupttendenzen, die etwa der chronologischen Entwicklung entsprechen. Sie werden gekennzeichnet durch den Miniaturisierungsgrad, die Dichte ihrer Bestandteile pro Liter, wobei es sich um eine Durchschnittsziffer handelt, die sich auf kleine Gruppen oder Untergruppen von etwa hundert Bestandteilen bezieht.

Schaltkreise mit getrennt hergestellten Bestandteilen

Klassische Kombinationen

Sagen wir zur Orientierung, daß es sich um die Etappe der Subminiaturisierung handelt. Die benutzten Bestandteile (Widerstände, Kondensatoren, Induktivitäten und Transformatoren, Transistoren, Dioden usw.) haben unregelmäßige geometrische Formen und werden auf der Basis verschiedener Träger hergestellt. Die fortentwickeltste Technik ist die der gedruckten Schaltungen, die darin besteht, eine Isoliermaterialplatte zu verwenden. Auf der einen Seite, der Bestückungsseite, sind die Bauelemente, deren Anschlüsse durch Bohrungen gesteckt werden. Diese Anschlüsse werden auf der anderen Seite, der Printseite, mit Kupferbahnen verlötet. Diese Kupferbahnen – ihr Verlauf ist durch die Schaltung vorgeschrieben – werden durch verschiedene chemische Techniken »verlegt«. Somit erreicht man eine Dichte von 1000 Bestandteilen pro Liter, während man vor 1940 einige Bestandteile pro Liter nicht überschritt und die Mikrominiaturisierung nur die Möglichkeit bot, einige zehn Bestandteile pro Liter unterzubringen.

Die Mikromodule

Diese Methode steht am Anfang der Mikrominiaturisierung und ist gekennzeichnet durch die Verwendung separater Baugruppen, die jedoch die gleichen äußeren Ausmaße haben, um kompakte, funktionelle »Module« aufzuschichten. Bei dem Modul etwa, der von der amerikanischen Firma R.C.A. für die US Army her-

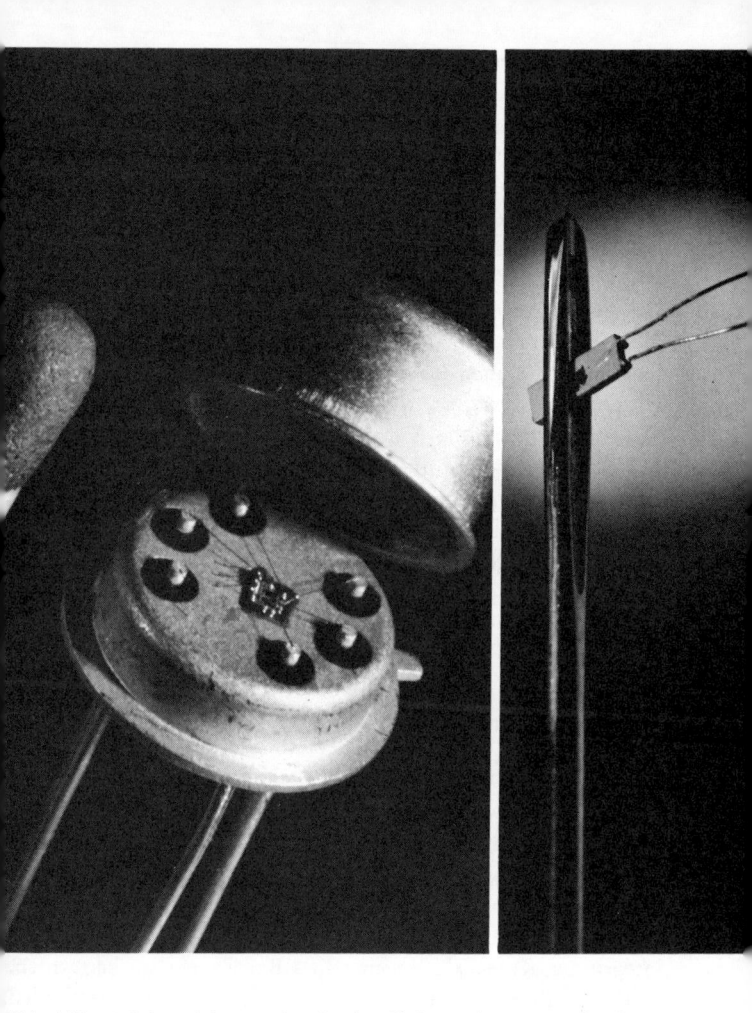

Die Mikrominiaturisierung hat in der Elektronik winzige, höchst funktionstüchtige komplexe Körper ermöglicht, die aus ihrer atomaren Struktur heraus »arbeiten«: winzige Organismen, so scheint es. In einem monolithischen Siliziumkristallplättchen (links) von 2 qmm Fläche und 0,1 mm Dicke können mit Hilfe der Planartechnik mehrere Transistoren, Dioden, Widerstände und Kondensatoren untergebracht werden. – Die neu entwickelten Siemens-Feldplatten (rechts) sind so winzig, daß man sie mühelos durch das berühmte Nadelöhr schieben kann.

gestellt wird, verwendet man Bestandteile, die alle die gleiche quadratische Basis (8 mm × 8 mm) (Bild Seite 135) besitzen, während die Stärke mit dem Typ des Bestandteiles variiert. Im allgemeinen bestehen die quadratischen Trägerplatten aus Glas oder Tonerde, seltener aus Keramik oder Ferrit. Sie sind mit 12 metallisierten Nuten (3 pro Seite) versehen, von denen einige mit den Kontakten der Einheiten verbunden werden können. Man kann bis zu 4 Widerstände pro Plättchen unterbringen, jedoch nur einen Transistor (2,5 mm Stärke) oder eine Induktivität oder einen Transformator (Stärke 3–4 mm). Die Plättchen werden dann nach einer dem elektrischen Schaltschema entsprechenden Ordnung gestapelt, wobei seitliche Metalldrähte, die einige Nuten verbinden, die Verbindungen zwischen den Einheiten herstellen. Das Ganze wird danach mit Kunststoff umhüllt. Auf diese Weise kann man eine mittlere funktionelle Schaltung von etwa zehn Elementen in einen Raum von 1 cm^3 unterbringen, was einer Dichte von 10 000 Bauteilen pro Liter entspricht. Dies genügt für die Fernmeldetechnik, jedoch nicht für die großen Rechner, die zu folgender Entwicklung führten.

Die integrierten Kreise

Bei dieser neuen Methode wird eine komplette Schaltung (z. B. ein Verstärker) verfahrenstechnisch gemeinsam hergestellt. Obwohl man die Arbeitsweise einer solchen Schaltung anhand ihrer klassischen Bestandteile (Widerstände, Kondensatoren, Transistoren, Dioden etc.) beschreiben und verstehen kann, ist eine Integrierte Schaltung (IS oder IC, von engl. Integrated Circuit = integrierter Kreis) als ein einzelnes Bauelement zu betrachten. Solche Schaltkreise werden im allgemeinen nach zwei Methoden hergestellt.

Die Mikrokreise

Auf ein Isolierplättchen aus Glas oder Keramik, das als mechanischer Träger dient, werden die einzelnen Bestandteile des Schaltkreises »montiert«. Dies geschieht mit Hilfe der Dünn-

oder Dickfilmtechnik bzw. durch Aufdampfen von Schichten mit den jeweils erwünschten elektrischen Eigenschaften. Bei der Herstellung von Hybrid-Schaltungen werden nur die Widerstände, die kleinen Kondensatoren und die Verbindungsleitungen aufgedampft, während die Transistoren und andere standardisierte Bauteile als fertige »Chips« in die Schaltung eingesetzt werden. Es gibt aber auch Isolierplättchen, auf die vollständige Schaltkreise mit all ihren Einzelbestandteilen aufgedampft worden sind.

Mit diesen Schaltungen kann eine erhöhte Zuverlässigkeit der Geräte und eine Dichte von 100 000 Bauelementen pro Liter erreicht werden.

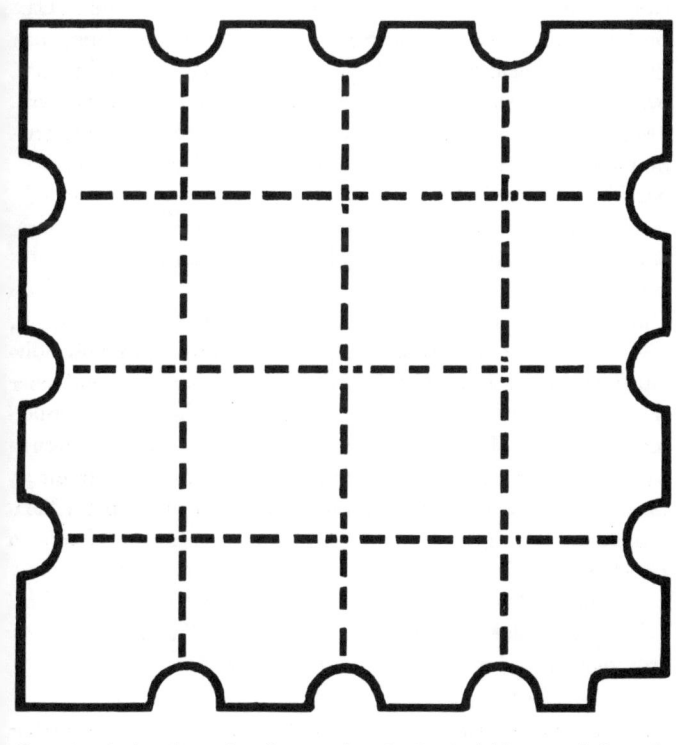

Quadratische Standardbasis der R. C. A.-Mikromodule, wie sie für die US-Army hergestellt werden.

Die Monolithe

Hier werden die verschiedenen Elemente eines Kreises innerhalb desselben Halbleiterblocks – im allgemeinen Silizium – ausgeführt: die Dioden und Transistoren durch Schaffung von Übergängen, die Widerstände durch Einsatz eines mehr oder minder dotierten Teiles, die Kondensatoren durch Schaffung von pn-Strukturen. Die Methoden bestehen hauptsächlich aus aufeinanderfolgenden Vorgängen: Oxydierung, »Maskierung« durch Phototechnik und Diffusion zur Herstellung der verschiedenen Übergänge, Vakuumverdampfung (für die Zwischenschaltungen) usw. Somit erreicht man theoretische Dichten von 100 Millionen Elementen pro dcm^3. Man könnte z. B. einen Differentialverstärker von sechs Elementen durch ein Nadelloch treiben. Das Bild Seite 137 oben zeigt die Schaltung, Seite 137 unten die Ausführung in einem Siliziumblock. In der Praxis ist diese Dichte bei 100 000 Elementen pro dcm^3 begrenzt und zwar aus folgenden Gründen: Es ist erforderlich, jeden integrierten Schaltkreis mit einigen Anschlüssen zu versehen; jeder Kreis muß danach in ein dichtes Gehäuse montiert werden, wobei man des öfteren klassische Transistorengehäuse verwendet, die jedoch sechs oder acht Ausgänge haben. Schließlich muß die Wärme abgeleitet werden, so gering sie sein mag. Man rechnet mit einer Durchschnittsleistung von 1 Milliwatt pro Element.

Die integrierten Schaltkreise haben den Nachteil, sich für die Ausführung von Induktivitäten schlecht zu eignen. Dagegen sind sie geeignet für die Ausführung logischer Schaltkreise, insbesondere die DCTL (Kreise mit Direktkoppelungstransistoren): Man kann somit mehrere hundert davon auf der Grundlage einer Siliziumlamelle von 2,5 cm ⌀ und 0,2 mm Stärke herstellen.

Die Mischtechniken bestehen darin, mehrere dieser Methoden zu kombinieren. Man dampft zum Beispiel integrierte Kreise gleichzeitig mit Induktivitäten auf Mikromodulplättchen auf, was trotzdem zu einer bedeutenden Erhöhung der Dichte der Bestandteile führt.

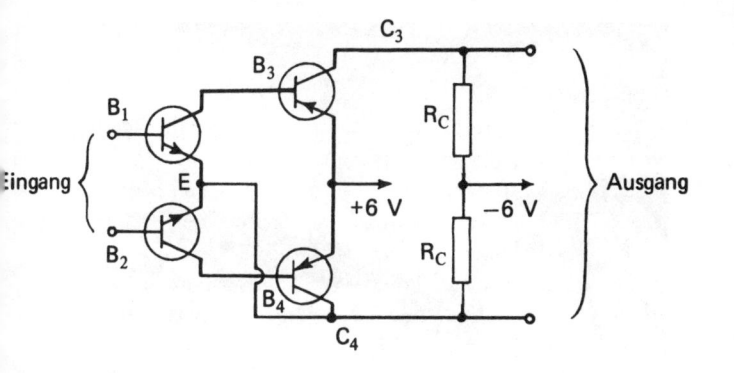

Schaltbild eines integrierten Differenzverstärkers.

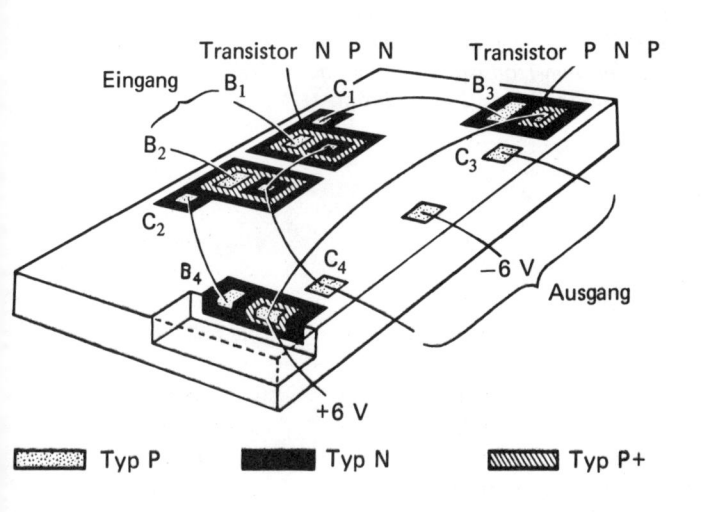

Differenzverstärker aus einem monolithischen Siliziumblock p. Die Grafik zeigt die Lokalisierung und die Anschlußverbindungen der Elemente.

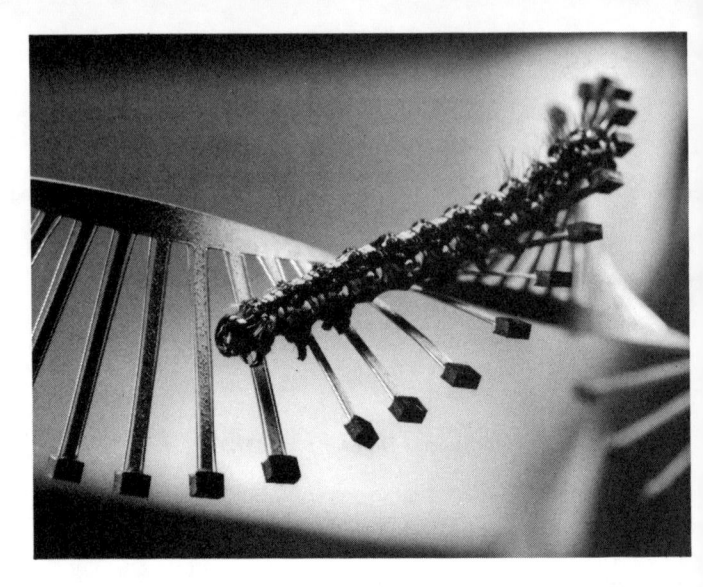

Der Transistor ist mit seinen winzigen Abmessungen für solche Geräte besonders wertvoll, bei denen geringes Volumen und Gewicht eine Rolle spielen. Hier klettert eine Raupe an npn-Silizium-Transistoren vorbei, deren Durchmesser mit Kunststoffhülle nur 2 mm beträgt.

Register

Abgasentgiftung 67
Abstimmvorgänge 117
Akzeptoren 16
Aluminium 49, 53, 130
Antimon 59, 150
Antimonatom 20
Antimon-Gold 53
Arbeitsspeicher 100
Arsen 47, 130
Assoziatives Gesetz 95
astabiler Multivibrator 98, 104, 105
Astronautik 6
Atom; Struktur der –e 11, 133
Atomkern 12
Ausgangsimpuls 72
Ausgangswiderstand 129
Ausstempeln 33
Autoelektrik 67

Bardeen, J. 9
Basis 33 ff., 72
Baukastensysteme 45, 46
Begrenzerdioden 7
Benzineinspritzung 67
Berylliumoxyd 18
Berzelius 10
binäre Algebra 90
Binärvariable 90
bistabile Multivibratoren 98, 101, 102
Bleiglanz 10
Boolesche Algebra 90
Brattein, W. H. 9
Brillouin, L. 10

chemische Läuterung 41
»Chip« 100, 135
Computer 100
Computerschaltungen 68

Datenverarbeitung 83
Dauergrenzströme 117
Defektelektronen 15
De Morgan'sches Gesetz 96
Detektor 30
Differenzverstärker 79, 137
Diffusion 39, 52, 53, 136
Diffusions-Ofen 51
Diffusionsverfahren 48
Dioden 30, 45, 57, 94, 96, 105, 107, 112, 113, 114, 116, 117, 133
Disjunktion 92
Distributives Gesetz 96
Donatoren 16
Dotieren 22, 23
Drain 123 ff.
Drehstromgeneratoren 45
Drehzahl von Elektromotoren 67
dreiwertige Unreinheiten 21
Drift-Transistoren 48
DTL 105, 107
Durchlaßrichtung der pn-Verbindung 25, 27

Eccles-Jordan-Schaltung 98
Eindampfen 48
Eingangswiderstand 126

Einpreßdioden 45
Eintrittsimpuls 72
Eisenpyrit 10
Elektronen; Leitfähigkeit durch – 19
Elektronen; Bewegung der – 11
Elektronenloch, -lücke 15
Elektronenrechner 68, 83, 89
Elektronenröhren 55
Elektron-Loch-Paar 14, 23, 27, 35
Elektrolyse 39, 52, 54
Elektromotoren 67
Elektronik 2, 133
elektronische Programmspeicherung 117
Emitter 18, 33 ff.
Emitterfolger 76, 108
Emitterstrom 64
Entkopplungskondensator 76, 77
epitaxiale »Züchtung« 42
Epitaxial-Mesa-Transistor 52
Epitaxial-Planar-Transistor 52
Esaki-Diode 113

Farbfernsehgeräte 117
Fehlprodukte 33
Feldeffekttransistor 122, 124, 125, 126, 129
Fernmeldetechnik 81
Fernsehtechnik 58
Flächen-Halbleiterdioden 111
Flächentransistor 10, 33, 34
Flipflop 102
Forschung 8, 10
Fotodioden 17, 30, 57
Fotoelemente 6
Frequenzverhalten 61, 70
Frequenzverhalten von Röhre und Transistor 60
fünfwertige Unreinheiten 19
Funktionen im Elektronenrechnen 90
Funktionsprüfung 85

Gallium 49, 130
Gas 51

Gasthyratron 119
Gedächtnis; elektronisches – 102
Gedruckte Schaltung 132
Gate 123 ff.
Germanium 10, 13, 14, 40, 41, 130
Germaniumatom 12
Germanium-Aufbereitung 40
Germanium-Kristallgitter 20
Germanium-Monokristall 43
Germaniumstab 22, 23
Gleichrichter 10
Gleichrichteranlagen 39, 45, 128
Gleichstrom 64, 79, 128
Gold 48, 49, 50

Halbleiter 2, 10, 20, 68, 74
Halbleiterbauteile 111
Halbleiterdioden 111
Halbleitersysteme 74
Heizsystem 51
Hertz 9
Hochfrequenz-Leistungstransistor 18

Indium 43, 52, 130
Induktionsschlinge 41
industrielle Anwendung des Transistors 86
Informationsspeicher 100
Infrarot 54
Injektionstransistor 126
integrierte Halbleiterschaltungen 18, 58, 85, 110, 134
integrierte Logikschaltungen 85
integrierte Differenzverstärker 137
intermetallische Verbindungen 130

Kanal 123 f.
Kantenführung 57
Kapazitätsdiode 7, 45
Kenndaten eines Transistors 63
Kennlinien 66 ff.
Keramikröhren 55
Kieselerde 40, 49

Kippschalter 101, 103
Kippschaltungen 98
Kleinradio 2
Kollektor 33 ff.
Kombinationen von Schaltkreisen 132
Kommutatives Gesetz 95
Komplementfunktion 91
Kontaktieren 33
Konjunktion 93
Kopplungskapazitäten 76, 77
Kristall 41, 49
Kristall-»Chip« 100
Kristallgitter 13, 14
Kristallstruktur 12, 13
Kühlblock 45
Kupferoxydgleichrichter 10

Lawineneffekt 112
legierter Transistor 69
Legierungsverfahren 39, 43, 44
Leistungs-Eigenschaften 61
Leistungstransistoren 44
Leistungsvergleich von Röhre und Transistor 59
Leitfähigkeit 14
Lichtmessung 57
Lilienfeld 122
Löcher 23
Löcher; Leitfähigkeit durch – 21
Logik-Serie 68
logische Funktionen 90, 91, 94, 95, 96
logische Schaltungen 83

Magnetkerne 100
Materialvergleich von Röhre und Transistor 55
Mehrzweckröhren 55
Mehrzwecktransistoren 50
Mesa-Transistoren 49, 54
Meßapparatur 85
Meßtechnik 57, 82
Metalloxydsiliziumtransistor 129
Mikrokreise 134
Mikrominiaturisierung 131, 133
Mikromodule 132, 135

Mikrowellenoszillatoren 117
Miniaturisierung 131
Mischtechniken 136
Mittelfrequenztransistoren 44
Module 132
Monokristall 43
Monolithe 136
monostabiler Multivibrator 103
monostabile Kipper 98
Morgan'sches Gesetz 96
MOSFET-Transistor 129
Multivibrator 101, 103, 105

NAND-Funktion 97
NICHT-Funktion 91
Niederfrequenztransistoren 44
NOR-Funktion 97
NOR-Schaltung 97 f.
npn-Silizium-Transistoren 138
npn-Transistor 50, 64
npn-Typ 34
n-Verunreinigung 22
Nuklearstrahlen-Toleranz 62

ODER-Funktion 92
ODER-Schaltkreis 94, 95, 106
ODER-Schaltung 94

Peltier-Effekt 73
Phosphor 130
Planar-Verfahren 54, 57, 133
pnp-Transistor 64, 65
pnp-Typ 34
pn-Verbindung; -Übergang 25, 26, 27, 29
Polarisation 63
Potentialvariationen 101
Prüfvorgang 33
p-Typ 22, 23
Punkt-Halbleiterdioden 111
Punkttransistor 10

Quarzröhre 51

Radiotechnik 58, 117
R.C.A.-Mikromodule 135
RCTL 105

Regelungstechnik 57
Reststrom 29
Richtfunksysteme 117
Röhren 61
RTL 104, 106
Rüstungsindustrie 88
Rundfunk- und Fernsehtechnik 78, 117

Sand 24
Satelliten 131
Schaltelement 74, 89
Schaltkreise 98, 104, 105, 106, 107, 132, 134
Schaltkreise, Ausführungsbeispiele 107
Schaltkreise; integrierte – 134
Schaltkreise mit Dioden, Widerständen, Kondensatoren und Transistoren 104, 105, 106
Schaltkreiskombinationen 132
Schaltkreis NEIN, ODER, UND 91, 92, 93
Schaltkreis NOR 97
Schottky, W. 10
Seitz, F. 10
Selentrockengleichrichter 10
Shockley, W. 122
Signalverstärkung 119
Silizium 10, 14, 40, 130
Silizium-Atom 12
Silizium-Aufbereitung 40
Siliziumgleichrichterzellen 117
Siliziumkristall 58
Siliziumoxydschicht 53
Siliziumscheibe 39, 74, 83, 85
Siliziumscheibendioden 128
Siliziumstab 39
Silizium-Transistor 53
Slater, J. C. 10
Solarzellen 6
Spannungen 64
Spannungsregler 112
Speisung eines Transistors 35
Sperr-Richtung 29

Sperrichtung der pn-Verbindung 28
Sperrstrom 69 f.
Stereo-Mikroskop 33
Steuerelektrode 121
Steuerungstechnik 57
Miniaturisierung 131

Telefonzentralen; elektronische – 89
Temperaturverhalten von Röhre und Transistor 56
Thyratron 119
Thyristor 119, 121, 128
TL 106
»Transfer-Resistor« 9
Transistor; Arbeitsweise des – s 25, 33, 34
Transistor; Begriff des – s 9
Transistor; Leistung des – s 36
Transistoren 18, 33, 61, 106, 107, 133, 138
Transistoren; Herstellung von – 33, 39
Transistoren im Schaltkreis 104, 105, 106
Transistor-Kenndaten 63
Transistorradio 2
Transistortechnik 39
Transistor-Typen 64
Transistorverstärker 76
Triggerdioden 7
TRL 104, 106
Tunneldiode 108, 113, 116, 119
Typ n 22
Typ p 23
Typ npn 34
Typ pnp 34

Ultrahochfrequenztransistoren 44, 50
Umkehrer, Umwandler 91
Umschaltung 72, 117
UND-Funktion 93, 97
UND-Schaltkreis 96
UND-Schaltung 96

Unipolartransistor 122, 125, 126, 129
Unreinheiten 16
Vakuumverdampfung 136
Varactoren 7
Ventilfunktion 128
Venussonde 6
Verbindungen; intermetallische – 130
Verfahren der Transistortechnik 39
Vergleich äußerer Einflüsse von Röhre und Transistor 61
Verstärkerwirkung 36
Verstärkerelement; Transistor als – 75
Verunreinigung 20, 22, 23

Verunreinigungen; diffundierte – 51
Wachsen; epitaxiales – 42
Wechselsignale 119
Wechselstrom 128
Wechselstromverhalten 70
Weg- und Winkelabtastung 57
Weltraumforschung 17
Widerstände 77, 106
Widerstände im Schaltkreis 104, 105
Wilson, A. H. 10
Winkler 10
Zener-Diode 112, 114
Zieh-Verfahren 39, 47, 48, 49, 50
Zink 10
Züchtung; epitaxiale – 42

humboldt DIE REIHE, DIE ZUR SACHE KOMMT.

Die aktuellen, illustrierten und praktischen Humboldt-Taschenbücher bieten in 6 Themengruppen ein umfassendes Programm:
ht-praktische ratgeber, ht-kochen mit pfiff!, ht-freizeit-hobby-quiz, ht-sport für alle, ht-sprachen, ht-moderne information.
Eine Auswahl der Titel stellen wir Ihnen vor. Bandnummer in Klammer.

ht-sprachen

Englisch
Englisch in 30 Tagen (11)
Englisch f. Fortgeschr. (61)
Englisch lernen –
 Bild f. Bild (296)

Französisch
Französisch in 30 Tagen (40)
Französisch f. Fortgeschr. (109)
Französisch lernen –
 Bild f. Bild (297)

Spanisch
Spanisch in 30 Tagen (57)
Spanisch lernen –
 Bild f. Bild (345)

Italienisch
Italienisch in 30 Tagen (55)
Italienisch f. Fortgeschr. (108)
Italienisch lernen –
 Bild f. Bild (344)

Weitere Sprachen
Russisch in 20 Lekt. (81)
Dänisch in 30 Tagen (124)
Serbokroatisch f. d. Urlaub (183)
Griechisch f. d. Urlaub (373)

Englisch in 30 Tagen
Der unterhaltsame Sprachkurs zum Selbststudium mit natürlichen und lebensnahen Dialogen. Mit Vergnügen lernt man so die englische Umgangssprache – als Hobby, für den Beruf, als Reisevorbereitung. Illustriert

Baustile – sehen und erkennen
Begriffe der Stilkunde von A – Z. Die wichtigsten Bauwerke Europas, nach Ländern geordnet, auf Übersichtskarten leicht zu finden.
Von Dr. Fritz Winzer. Illustriert

Wörterbuch der Psychologie
Über 1000 Stichwörter in alphabetischer Anordnung erklären die Grundbegriffe dieser Wissenschaft.
Von Günter Plässeler.

ht-moderne information

Kultur + Kunst
Musikinstrumente (70)
Taschenlexikon der Antike (180)
Baustile (351)
Malerei (397)
Musikbegriffe (439)

Wirtschaft
Wirtschaftslexikon (24)
Betriebswirtschaft (153)
Volkswirtschaft (246)
Begriffe d. Managements (261)

Philosophie
Wörterbuch d. Philosophie (43)

Geschichte
Weltgeschichte (291)
Staatsbürgerkunde (438)

Technik/Elektronik
Computerrechnen (146)
Wie Transistoren
 funktionieren (151)
Elektrotechnik (163)
Datenverarbeitung (200)
Mikroprozessoren (338)

Biologie
Pflanzen bestimmen (208)
Tiere bestimmen (209)

Aktuelle Information
Im Rausch der Drogen (140)
Erweitern Sie Ihren
 Wortschatz (170)
Die neuesten Wörter (187)
Weltatlas (227)
Astrologie (284)
Fremdwörterlexikon (446)

Psychologie
Psychoanalyse (168)
Taschenbuch
 d. Psychologie (238)
PSI – rätselhafte Kräfte
 des Menschen (244)
Erkenne dich –
 erkenne andere! (283)
Wörterbuch
 der Psychologie (416)

HUMBOLDT-TASCHENBUCHVERLAG · MÜNCHEN